柑橘

病虫及灾害防控技术研究

◎李学斌　何风杰　王允镔　主编

U0306822

中国农业科学技术出版社

图书在版编目（CIP）数据

柑橘病虫及灾害防控技术研究／李学斌，何风杰，王允镔主编 . －－北京：中国农业科学技术出版社，2024.4
ISBN 978-7-5116-6794-6

Ⅰ.①柑… Ⅱ.①李…②何…③王… Ⅲ.①柑桔类-病虫害防治-研究 Ⅳ.①S436.66

中国国家版本馆 CIP 数据核字（2024）第 082824 号

责任编辑 白姗姗
责任校对 李向荣
责任印制 姜义伟 王思文

出 版 者 中国农业科学技术出版社
　　　　　北京市中关村南大街 12 号　　邮编：100081
电　　话 (010) 82106638（编辑室）　　(010) 82106624（发行部）
　　　　　(010) 82109709（读者服务部）
网　　址 https://castp.caas.cn
经 销 者 各地新华书店
印 刷 者 北京建宏印刷有限公司
开　　本 148 mm×210 mm　1/32
印　　张 4.75
字　　数 125 千字
版　　次 2024 年 4 月第 1 版　2024 年 4 月第 1 次印刷
定　　价 39.90 元

前　　言

柑橘是亚热带常绿果树，在其周年生长发育过程中，常遭遇各种病虫为害，以及多种自然灾害的袭击，会对柑橘正常的生长结果和果实品质带来很大的影响，造成严重减产和经济损失。面对当今柑橘病虫结构差异化、防治要求精简化、灾害发生常态化的形势，我们编写本书，旨在普及推广柑橘病虫及灾害防控技术，实施安全优质高效栽培，符合柑橘产业的发展需要，对指导柑橘生产的发展具有十分重要的意义。编者从事农技推广工作几十年，紧紧围绕柑橘安全、优质、高效栽培，深入基层调查研究，积极开展抗灾救灾，以及各项试验和示范推广项目，切实帮助果农解决柑橘病虫防治上的难点和疑点，大力推广各项先进防控技术，为柑橘产业的发展和技术进步，实现果业增效、果农增收发挥重要作用。

本书分为柑橘虫害篇、柑橘病害篇、自然灾害篇和综合防控篇4个部分，主要收录编者团队对柑橘病虫及灾害防控技术的调查研究、试验示范、实用新药剂的推广应用等发表在省级以上专业刊物的文章，包括柑橘主要病虫害的防治知识、防治技术和推广应用总结，以及灾害防御和生产调研，对帮助广大橘农做好柑橘病虫害防治，应对灾害性天气的防御，实现柑橘安全优质高效栽培，具有很好的指导意义和推广应用价值。

　　本书内容均来自柑橘生产第一线的试验示范研究和经验总结，内容翔实，通俗易懂，具有一定的科学性、先进性和实用性，可供农业科研、教育、推广部门果树工作者和广大柑橘种植爱好者参考。

　　由于时间短、工作量大，编者水平有限，书中定有不妥之处，敬请同行和读者批评指正。

编　者

2024 年 3 月

目　　录

第一篇　柑橘虫害篇

第二篇　柑橘病害篇

第三篇　自然灾害篇

第四篇　综合防控篇

第一篇
柑橘虫害篇

浙江省台州市柑橘褐圆蚧防控试验

李学斌[1]　何风杰[2]

(1. 浙江省台州市椒江区农业农村和水利局，台州　318000；
2. 台州市农业技术推广中心，台州　318000)

柑橘褐圆蚧是台州柑橘的主要害虫，以成虫在叶片或枝条上越冬，为害叶、果、枝和树干，叶片受害后叶绿素减退，出现淡黄色斑点；果实受害后，表皮有凹凸不平的斑点，品质降低；嫩枝受害后生长不良；枝干受害后表现为表皮粗糙、树势减弱。在台州一年发生 3~4 代，第一代主要为害枝、叶，发生较为整齐，若虫孵化盛期在 5 月中旬，且多数初孵若虫喜欢选择在叶片背面凹陷处、叶片基部、叶脉两侧及果面固定取食，触角和足逐渐退化消失，并分泌蜡质覆盖体背。第二代若虫孵化盛期在 7 月中旬，主要为害果实和枝叶，成蚧、若蚧混发，较难防治。第三代若虫孵化盛期在 9 月上旬，主要为害果实、叶片、枝干，前两代若虫如提前防控，一般发生较轻，如未提前防控或防控不到位，发生则会很严重。第四代一般年份很少发生，在暖冬年份有出现，若虫孵化盛期在 11 月下旬，主要对完熟栽培或晚熟品种的果实为害较大，严重影响果实的商品质量。通过应用特福力进行柑橘褐圆蚧防治试验和示范应用，表明该药剂对做好柑橘褐圆蚧的防控能发挥重要作用。

1　材料与方法

试验地设在台州市椒江农场二分场的水果试验基地，试材为

13年生早熟温州蜜柑树，土壤为海涂泥，pH值8.0，有机质2.2%，试验地栽培管理条件基本一致。

设22%特福力悬浮剂（又名氟啶虫胺腈，美国陶氏益农公司生产）3 000倍、4 000倍、5 000倍液，48%乐斯本乳油（又名毒死蜱，美国陶氏益农公司生产）1 000倍液和对照（空白）5个处理，随机排列，每个处理橘树4株。2014年7月15日用手动背负式喷雾器进行树冠喷雾。喷药当天为阴转多云，气温25~33℃，上午喷药，晚上有零星小雨。

喷药前及喷药后7d、14d、28d共进行4次调查，每个处理2株橘树，每株在东、南、西、北、中各个方位固定5个枝组，并挂牌标记，各方位随机取5片叶，分别调查统计死蚧、活蚧数，计算虫口减退率和校正防效。

2 结果与分析

据调查，以特福力3 000倍液防治效果最好，喷药后14d和28d的防效分别为98.60%和99.90%；其次是特福力4 000倍液和特福力5 000倍液，喷药后14d的防治效果分别为98.29%和96.26%，药效有显著性差异，喷药后28d的防治效果分别为97.17%和96.97%，不存在显著性差异。而差异主要表现在喷药后7d，喷特福力5 000倍液的防效比特福力4 000倍液和特福力3 000倍液，分别低11.30%和13.00%，药效发挥相对慢。特福力3 000~5 000倍液喷药后28d，防效明显优于常用药剂乐斯本，同时乐斯本1 000倍液也表现出较好的效果，喷药后14d和28d的防效分别为95.10%和94.81%，同特福力5 000倍液的防效相近，且速效性略好（表1）。

表1　特福力等对柑橘褐圆蚧的防治效果

处理	药前每叶虫数（头）	药后每叶活虫数（头）			药后减退率（%）			药后防效（%）		
		7d	14d	28d	7d	14d	28d	7d	14d	28d
特福力3 000倍	32.02	0.86	0.82	0.06	97.3	97.4	99.81	98.30±0.7a	98.60±0.5a	99.90±0.17a
特福力4 000倍	28.10	1.50	0.88	1.52	94.7	96.9	94.59	96.60±1.1ab	98.29±1.2a	97.17±0.24b
特福力5 000倍	22.80	5.22	1.56	1.32	77.1	93.2	94.21	85.30±2.6b	96.26±1.0b	96.97±0.77b
乐斯本1 000倍	20.76	1.92	1.86	2.06	90.8	91.0	90.08	94.10±3.3c	95.10±1.6b	94.81±1.41c
对照（空白）	23.18	36.12	42.38	44.32	-55.8	-82.8	-91.20			

注：表中不同小写字母表示差异显著（$P<0.05$），后同。

3　结论和讨论

　　通过田间药效试验和示范应用表明，22%特福力悬浮剂3 000~5 000倍液防治柑橘褐圆蚧，喷药后28d的防效达96.97%~99.90%，略优于48%乐斯本乳油1 000倍液的防效，且对成蚧和幼蚧均有较好效果，药效持效期在28d以上，比其他药剂略长，是与乐斯本轮换交替使用防治柑橘褐圆蚧的理想替代药剂。

　　据田间观察，应用特福力防治柑橘褐圆蚧均未发现对柑橘枝梢、叶片和果实的药害症状，且对蜘蛛、草蛉、瓢虫等天敌影响较小，同时还能兼治其他盾蚧类和柑橘蚜虫等害虫。建议使用特福力防治柑橘褐圆蚧，以4 000~5 000倍液为宜。总之，特福力是一种毒性较低的农药，防治柑橘褐圆蚧，具有药效好、持效期长、使用安全、对天敌影响较小的优点，建议在柑橘生产上示范推广应用。

4 防控技术

4.1　加强栽培管理，增强树势。主要是做好整形修剪，根据褐圆蚧喜荫蔽、避光及具有由点向四周蔓延的特点，剪除虫枝，培养通风透光树形，有利减轻为害。

4.2　保护利用天敌。柑橘褐圆蚧有相当一部分虫体被天敌寄生，天敌主要有金黄小蜂、红点唇瓢虫，还有草蛉、蓟马等，这些天敌种群在5—8月是活动高峰期，要尽力保护，或选用对天敌伤害较小的特福力等药剂，既有利于保护天敌，发挥天敌作用，又能防治柑橘褐圆蚧。

4.3　药剂防治。对常发园块，主要防治第一代，防好第二代，挑治第三代。第一代发生较为整齐，也较好防治，在若虫孵化盛期（5月中旬），可选用25%噻嗪酮可湿性粉剂1 200倍液或10%吡虫啉可湿性粉剂1 000倍液等进行防治，如在孵化末期或虫龄较大时，台州沿海橘区常要兼治柑橘卷叶蛾等害虫，可选用48%毒死蜱乳油800~1 000倍液等进行防治。第二代若虫孵化盛期在7月中旬，为确保防效，兼治成、若蚧，可选用48%毒死蜱乳油800倍液或22%特福力悬浮剂4 000倍液等进行防治。第三代若虫孵化盛期在9月上旬，对未提前防控、发生严重的橘园，可选用22%特福力悬浮剂4 000倍液等进行防治。第四代有发生为害的园块，在11月下旬的若虫孵化盛期，如树上有挂果的，可选用安全高效低毒的特福力等药剂进行防治，没有挂果的，可结合冬季清园，选用相应的药剂防治。

柑橘木虱的发生规律及防治措施

李学斌[1]　王允镔[2]　罗　萱[3]

（1. 浙江省台州市椒江区农业农村和水利局，台州　318000；

2. 台州市黄岩区农业农村局，台州　318000；

3. 台州市椒江建设园林工程有限公司，台州　318000）

柑橘木虱是柑橘的重要害虫，又是柑橘黄龙病的传播媒介。随着各橘产区冬季平均气温显著上升，严寒年份减少，以及该虫抗寒力增强，生活习性等的变化，该虫的发生逐渐向北迁移，且多数年份能在新的寄生地完成世代发育。为有效控制该虫的发生为害，现将该虫的发生规律和防治措施简述如下。

1　发生规律

1.1　发生代数。台州一年发生 3~7 代。其中，台州东南部沿海地区一年发生 5~7 代；台州中北部沿海地区一年发生 3~5 代。

1.2　台州分布。台州橘区 1985 年前为柑橘木虱非分布区，当时柑橘木虱已分布到与台州市南部毗邻的永嘉、乐清等北缘地带，温岭橘区甚少见到。直到 1994 年，温岭一些橘园木虱发生量大增。据 1996—1998 年柑橘木虱调查，温岭、玉环、路桥、椒江、黄岩和临海均有分布，仅三门、仙居和天台未发现木虱。1999 年在三门调查到木虱，到 2001 年天台和仙居也发现木虱，这样台州全境均已成为柑橘木虱发生分布区。柑橘木虱随着时间的推移向北迁移的趋势十分明显。

1.3　发生特点。成虫在叶片及嫩芽上取食，若虫在嫩梢、嫩叶及芽上取食，被害新叶畸形，重者整个芽梢干枯。若虫肛门上排出的白色分泌物，能诱发煤烟病，影响叶片光合作用，还是柑橘黄龙病的唯一传病媒介昆虫。成虫寿命长，6—12 月世代明显重叠。木虱卵、若虫发生高峰期与柑橘抽梢期相一致。在越冬地，4—5 月和 8—9 月是若虫发生的高峰期。一般来说，树势强的抽梢整齐，不利于木虱长期产卵和生存，发生较轻，反之严重。成虫在叶片背面发生较多，取食时体后部翘起，与叶片约呈 45°角，栖息时呈 40°角左右。成虫将卵产于嫩梢芽缝、叶腋、未展开叶和花蕾上。

1.4　品种关系。不同柑橘品种发生程度不一致，据调查，以甜橙、脐橙、温州蜜柑和椪柑上虫口最多。其次是本地早蜜橘、早橘、樱橘和柚类，金柑、枸头橙和枳上发生较少。

2　防治措施

2.1　种苗检疫。严禁从黄龙病疫区引进柑橘苗木、接穗及芸香科的其他植物，防止病源和带毒木虱的人为传播。

2.2　农业防治。在同一果园内尽可能栽种单一柑橘品种，既方便管理，又有利于柑橘木虱的管控。

2.3　喷药防治。在柑橘各嫩梢抽发期，可结合柑橘蚜虫、柑橘潜叶蛾等害虫进行防治，重点是 4 月中旬至 5 月上旬和 8 月上旬至 9 月中旬的防治，防治药剂可选用 10%吡虫啉可湿性粉剂 2 000 倍液或 1%阿维菌素（灭虫灵）乳油 2 000 倍液或 10%啶虫脒乳油 1 200 倍液等，各种药剂交替使用。

2.4　统一防控。为提高防控效果，柑橘木虱防治必须做到"三统一"，即统一防治时间、统一防治药剂、统一联防联治。

乙螨唑的不同复配组合对柑橘红蜘蛛的田间防效试验

李学斌　王林云　项　秋

（浙江省台州市椒江区农业农村和水利局，台州　318000）

柑橘红蜘蛛为台州柑橘上的一种重要害虫，主要为害柑橘叶片和果实，通过口针刺破柑橘的叶、果表皮，吸食汁液，使叶、果枯黄泛白，影响叶片光合作用。严重受害时，叶、果呈苍白色，失去光泽，造成落叶、落果，严重影响柑橘树势和产量。柑橘红蜘蛛常年发生，为害周期长，发生数量大，繁殖速度快，世代重叠，且易对常用杀螨剂产生抗药性，防治较为困难。为筛选柑橘红蜘蛛防治的理想药剂，着力提高当前防治主导药剂——乙螨唑的使用效果，延缓抗药性的产生。2021 年 6 月选取目前市场上乙螨唑的 4 种不同组合配方对柑橘红蜘蛛进行了田间药效试验，以明确其防治效果，为柑橘生产上推广应用提供决策依据。

1　材料与方法

1.1　供试药剂。40%哒螨·乙螨唑悬浮剂（30%哒螨灵+10%乙螨唑），河南省安阳市锐普农化有限责任公司生产；30%乙螨唑悬浮剂，湖南万家丰科技有限公司生产；60%联肼·乙螨唑水分散粒剂（12%乙螨唑+48%联苯肼酯），陕西华戎凯威生物有限公司生产；43%联苯肼酯悬浮剂，湖南万家丰科技有限公司生产；40%丙溴磷乳油，湖南万家丰科技有限公司生产。

1.2　试验地点。试验设在台州市椒江区章安街道蔡桥村柑橘园，园区排灌条件良好，土壤肥力中等水平，试验区的栽培管理条件相同。供试柑橘品种为红美人，树龄为 3 年生，树冠大小和树势基本一致。

1.3 试验处理与设计。本试验设 6 个处理，分别为 A：40%哒螨·乙螨唑悬浮剂 1 200 倍液；B：43%联苯肼酯悬浮剂 2 000 倍+30%乙螨唑悬浮剂 2 000 倍液；C：60%联肼·乙螨唑水分散粒剂 2 000 倍液；D：30%乙螨唑悬浮剂 2 000 倍+40%丙溴磷乳油 800 倍液；E：30%乙螨唑悬浮剂 1 500 倍液；CK：清水对照。每个处理随机排列，重复 3 次，共 18 个小区，每小区处理橘树 10 株，试验于 2021 年 6 月 24 日上午用背负式电动喷雾器进行树冠喷药，做到均匀喷雾，使叶片正反面充分着药。试验观察期间不再使用任何药剂。

1.4 调查方法。喷药前及施药后 3d、7d、15d、30d，分别对每处理各个小区调查螨口（活螨）基数 1 次，每小区随机选取橘树 3 株，每株在东、西、南、北、中 5 个方位，每方位选定叶片 2 张，分别调查每片叶的螨口基数（正反面），计算螨口减退率和校正防效，并观察各个处理用药对柑橘梢、叶的安全性。

螨口减退率（%）=［（施药前活螨数-施药后活螨数）/施药前活螨数］×100

防治效果（%）=［（处理区螨口减退率-对照区螨口减退率）/100-对照区螨口减退率］×100

2 结果与分析

2.1 乙螨唑的不同复配组合对柑橘红蜘蛛的防效。从表 1 可以看出，乙螨唑的几个不同复配组合对柑橘红蜘蛛的防效均有显著差异，药后 3d，除 A 处理防效略差外，其他各处理的差异不显著，防效均在 80%左右；药后 7d，以乙螨唑和联苯肼酯复混配的效果最好，防效均在 96%以上，其次是乙螨唑与丙溴磷和哒螨酮复混配的，两者差异不显著，防效在80%以上，明显优于乙螨唑单剂的；药后15d，乙螨唑与联苯肼酯或丙溴磷复混配的防效均在97%以上，且差异也不显著，而乙螨唑与哒螨酮复配的，防效仅4.06%，明显低于乙螨唑单剂的65.14%；药后30d，乙螨唑与联苯肼酯复混配的，防效均在98%以上，其次是乙螨唑和丙溴磷混配的，防效为84.21%，比单用乙螨唑的分别高50.49%和35.08%，增效十分明显。而乙螨唑和哒螨酮复配的防效最差，残效期也很短，药后7d的防效，与乙螨唑和丙溴磷混配的药后30d的相近，这可能与连续多年使用有关，总之乙螨唑的复混配对提高防效均有重要作用。另据乙螨唑的不同复配剂在各地的示范应用调查，乙螨唑与联苯肼酯的防效，复配制剂的应用效果比混配的略好些，残效期也更长，且使用也更方便。

表1　乙螨唑及其不同复配组合对柑橘红蜘蛛的田间防效

处理	药剂	药后3d防效（%）	药后7d防效（%）	药后15d防效（%）	药后30d防效（%）
A	哒螨·乙螨唑	73.57b	83.69b	4.06c	19.55d
B	乙螨唑配联苯肼酯	81.29a	96.70a	98.56a	98.38a
C	联肼·乙螨唑	79.44ab	96.70a	99.57a	99.62a
D	乙螨唑配丙溴磷	82.02a	87.85ab	97.57a	84.21b
E	乙螨唑	82.85a	62.44c	65.14b	49.13c

2.2　乙螨唑的不同复配组合对柑橘红蜘蛛的持效期观察。乙螨唑及其复配组合对柑橘红蜘蛛均有较好的控制效果，但从药后3d、7d、15d、30d的观察调查，不同处理间的药效期差异很大，以乙螨唑和联苯肼酯组合的防效好，持效期长，据试验调查和各地示范点观察，持效期均在50~60d，其次是乙螨唑和丙溴磷混配的，持效期在30~40d，明显优于单用乙螨唑的15~20d，而近几年常用的哒螨·乙螨唑虽有一定的防效，但持效期很短，维持在7~10d。

2.3 乙螨唑的不同复配组合对柑橘树的使用安全调查。供试的 4 种药剂和 5 个不同复配组合剂用于柑橘红蜘蛛的防治，在喷药后的整个试验观察期，未发现对柑橘梢、叶、果生长带来影响和有药害症状，乙螨唑及其组合配方在柑橘上使用是安全的。

3 小结与讨论

不同的乙螨唑组合配方，对防治柑橘红蜘蛛的效果存在明显差异。以乙螨唑与联苯肼酯复混配的效果最好，且复配优于混配，其次是乙螨唑与丙溴磷混配的，对提高柑橘红蜘蛛的防效、延长持效期、减缓抗药性的产生等均有重要作用，且在柑橘上使用安全，建议在柑橘生产上大面积推广应用。

通过乙螨唑不同组合配方防治柑橘红蜘蛛的试验结果表明，乙螨唑及其复配剂仍为目前柑橘红蜘蛛防治的理想药剂，限于台州橘区乙螨唑使用较为频繁，为延缓抗药性，确保防效，30%乙螨唑及其组合复配剂建议使用浓度为 1 500~2 000 倍液，各地可根据抗性水平酌情确定，且应与炔螨特、螺螨酯等其他杀螨剂轮换交替使用。

柑橘红蜘蛛年发生代次多，世代重叠，年防治次数多，对杀螨剂易产生抗药性，为柑橘周年病虫防治中较为难防的一种害虫，尤其红美人等杂柑类发生为害更为严重，合理用药对做好防控十分重要。建议乙螨唑不同组合配方防治柑橘红蜘蛛年使用次数控制在 2 次左右，且以夏、秋季为宜，同时还要继续做好乙螨唑不同组合配方及其他杀螨剂的筛选试验工作，以应对柑橘红蜘蛛的抗药性和防治药剂更新换代的需要。

农不老防治柑橘蚜虫药效试验

李学斌[1] 李学勤[2]

（1. 浙江省台州市椒江区农业农村和水利局，台州 318000；
2. 台州市椒江区葭芷办事处农林站，台州 318000）

柑橘蚜虫是为害柑橘新梢、嫩叶和花蕾的一种重要害虫，其发生最大，繁殖速度快，防治较为困难。1999 年 5 月我们引进农不老（啶虫脒）进行柑橘蚜虫（以棉蚜和橘蚜为主）药效试验和示范推广，证明该药剂对柑橘蚜虫有较好的防治效果和开发应用前景。

1 材料与方法

以椒江星明村 10 年生温州蜜柑为试材，设 3% 农不老乳油（又名啶虫脒，浙江省海正化工股份有限公司生产）2 000 倍液、3 000 倍液、4 000 倍液，3% 莫比朗乳油（日本曹达株式会社生产）2 500 倍液，10% 达克隆可湿性粉剂（又名吡虫啉，江苏省常州农药厂生产）3 000 倍液和对照（空白）6 个处理。随机排列，3 株树为一小区，重复 3 次。用手动背负式喷雾器进行树冠喷雾。喷药前及喷药后 1d、3d、7d 分别调查各定点梢上的死、活蚜虫数（有翅蚜除外），计算虫口减退率和校正防治效果。

2 结果与分析

据调查，以农不老 2 000 倍液防治效果最好，喷后 1d 和 3d 分别达到 99.8% 和 100%；其次是农不老 3 000 倍液和达克隆 3 000 倍液，药效无显著差异，喷药后 3d 的防治效果分别为 99.3% 和 99.8%。莫比朗2 500倍液也表现较好的效果，喷药后 3d 为 98.1% (表1)。

表1　农不老等药剂对柑橘蚜虫的防治效果

处理	喷药前	喷药后 1d			喷药后 3d		
	虫数(头)	虫数(头)	减退率(%)	防效(%)	虫数(头)	减退率(%)	防效(%)
农不老2 000倍	465.7	1.0	99.8	99.8	0	100	100
农不老3 000倍	435.3	7.3	98.5	98.8	3.7	99.1	99.3
农不老4 000倍	443.7	170.7	57.8	67.0	153.0	63.4	67.0
莫比朗2 500倍	487.7	8.0	97.8	98.3	8	97.7	98.1
达克隆3 000倍	555.0	6.0	98.9	99.1	1.7	99.7	99.8
对照（空白）	463.3	529.0	-27.8	—	565.3	-21.4	—

注：各项数据为3次重复平均值。喷药后7d由于高温和雨水影响，虫口自然死亡率很高，不再进行调查。

3　小结和讨论

通过田间药效试验和1 333.3hm² 橘园的推广应用表明，3%农不老乳油2 000~3 000倍液防治柑橘蚜虫，喷药后 3d 的防治效果达到99.3%~100%，略优于 3%莫比朗乳油2 500倍液和 10%达克隆可湿性粉剂 3 000倍液的防效，是与莫比朗、达克隆轮换使用于防治柑橘蚜虫的又一理想药剂。据多点试验示范观察，农不老药效持效期在 15d 以上，比其他药剂略长。经大面积推广应用，均未发现农不老对柑橘新梢嫩叶和花蕾有药害症状，但对蜘蛛、瓢虫等天敌有一定杀伤力，应尽量避免在天敌数量多时使用，或者在喷药时对新梢嫩叶进行挑治，减少对天敌的杀伤。总之，农不老药效较好、持效期长、使用安全、成本较低，建议在生产上推广应用，但随着抗药性的增加，要调整使用倍数。

灭虫灵防治柑橘潜叶蛾的效果简报

李学斌

（浙江省台州市椒江区农业农村和水利局，台州　318000）

柑橘潜叶蛾为柑橘上一种重要害虫。1996—1997 年，我们选用灭虫灵（阿维菌素）进行柑橘潜叶蛾的防治试验和生产上的大面积推广应用。现将试验和示范应用效果简报如下。

1　材料与方法

1.1　供试药剂。1%灭虫灵（阿维菌素）乳油，浙江省海门化工厂生产；24%万灵液剂，美国杜邦公司产。

1.2　方法。在椒江三甲和葭芷分别选择温州蜜柑树为试材，设灭虫灵 3 000 倍液、4 000 倍液、5 000 倍液、6 000 倍液，万灵 1 500 倍液和空白对照等处理，随机排列，重复 3 次，每个处理分别于 1996 年 9 月 3 日和 1997 年 9 月 17 日用单管手动喷雾器进行喷射。喷药前每个处理分别固定 10 个新梢，记录活虫数，喷药后 48h、96h，分别调查各固定梢上的活虫数，计算虫口减退率和校正防效。喷药后 20d，各处理随机选取 10 个新梢，按叶片受害程度的分级标准，即 0 级—无害、Ⅰ 级—轻微受害、Ⅱ 级—微卷、Ⅲ 级—半卷、Ⅳ 级—全卷，调查各级别的叶片数，计算护梢效果。

2　试验结果

2.1　灭虫灵对柑橘潜叶蛾幼虫的杀虫效果。用灭虫灵 3 000~6 000 倍液防治柑橘潜叶蛾幼虫，均有很好的杀伤效果。药后 96h 的杀虫效果分别为 100%、98.6%~100%、97.1%~97.3%、96.2%，均比万灵 1 500 倍液优，且各处理浓度间的药效差异也不显著（表1，表2）。

2.2　灭虫灵对柑橘新梢嫩叶的保护效果。从药后 20d 对柑橘秋梢受潜叶蛾为害情况的调查，灭虫灵 3 000~5 000 倍液对柑橘新梢均有很好的保护效果。护梢效果分别达到 78.52%、62.19%、60.86%，比万灵 1 500 倍液的 48.22%，分别高出 30.30%、13.97% 和 12.64%，表现出理想的护梢效果（表3）。

表1　灭虫灵对柑橘潜叶蛾幼虫的杀伤效果

（1996 年 9 月 3—7 日，椒江三甲）

处理	重复	喷药前虫数	药后 96h		平均虫口减退率	校正防效
			活虫数	虫口减退率		
灭虫灵3 000 倍	Ⅰ	54	0	100%	100%	100%
	Ⅱ	39	0	100%		
	Ⅲ	45	0	100%		
灭虫灵4 000 倍	Ⅰ	44	1	97.7%	98.5%	98.6%
	Ⅱ	35	0	100%		
	Ⅲ	45	1	97.8%		
灭虫灵5 000 倍	Ⅰ	43	0	100%	96.9%	97.1%
	Ⅱ	46	2	95.7%		
	Ⅲ	39	2	94.9%		
万灵1 500 倍	Ⅰ	35	1	97.1%	96.9%	97.1%
	Ⅱ	46	1	97.8%		
	Ⅲ	49	2	95.9%		
空白对照	Ⅰ	34	36	-5.9%	-7.9%	—
	Ⅱ	46	49	-6.5%		
	Ⅲ	35	39	-11.4%		

表2 灭虫灵对柑橘潜叶蛾幼虫的杀伤效果

（1997年9月17—21日，椒江葭芷）

处理	重复	喷药前虫数	药后48h				药后96h			
			活虫数	减退率	平均减退率	校正防效	活虫数	减退率	平均减退率	校正防效
灭虫灵 4 000 倍	I	60	1	98.3%			0	100%		
	II	56	0	100%	99.4%	99.3%	0	100%	100%	100%
	III	48	0	100%			0	100%		
灭虫灵 5 000 倍	I	43	2	95.8%			2	95.8%		
	II	44	2	95.5%	94.4%	93.9%	0	100%	97.3%	97.3%
	III	50	4	92.0%			2	96.0%		
灭虫灵 6 000 倍	I	37	2	94.6%			1	97.3%		
	II	33	2	93.9%	95.4%	95.0%	1	97.0%	96.5%	96.2%
	III	43	1	97.7%			2	95.3%		
万灵 1 500 倍	I	50	3	94.0%			1	98.0%		
	II	45	3	93.3%	93.3%	92.7%	2	95.6%	96.6%	96.2%
	III	54	4	92.6%			2	96.3%		
空白对照	I	47	43	10.6%			41	12.8%		
	II	43	40	7.0%	8.4%	—	39	9.3%	8.6%	—
	III	52	43	7.7%			50	3.8%		

表3 灭虫灵对柑橘新梢的保护效果

（1996年9月3—23日，椒江三甲）

处理	重复	调查叶片数	0	1	2	3	4	受害指数	平均受害指数	保梢效果
灭虫灵 4 000 倍	I	78	62	8	2	1	0	6.70		
	II	66	52	7	4	2	1	10.61	8.89	78.52%
	III	82	68	7	5	2	0	9.35		

（续表）

处理	重复	调查叶片数	0	1	2	3	4	受害指数	平均受害指数	保梢效果
灭虫灵5 000倍	I	75	46	12	9	5	2	19.00		
	II	73	50	17	1	3	2	12.32	15.65	62.19%
	III	40	33	9	1	5	1	15.63		
灭虫灵6 000倍	I	66	44	6	7	7	2	18.56		
	II	62	38	9	5	0	0	15.32	16.20	60.86%
	III	51	32	12	4	2	1	14.71		
万灵1 500倍	I	48	25	17	3	3	0	22.22		
	II	44	26	13	4	1	0	18.18	21.43	48.22%
	III	53	27	18	4	4	0	23.90		
空白对照	I	51	8	18	11	10	4	42.16		
	II	62	14	19	10	11	8	41.94	41.39	—
	III	63	14	20	11	13	5	40.08		

3　小结和讨论

通过1996年、1997年两年的田间药效试验，灭虫灵3 000～6 000倍液对柑橘潜叶蛾的低、高龄幼虫，均有很好的防治效果，其药效明显优于常用药剂万灵，为目前替代万灵和菊酯类农药防治柑橘潜叶蛾的一种理想药剂。

据田间观察，灭虫灵除对柑橘潜叶蛾有效除外，对柑橘凤蝶、柑橘锈壁虱、柑橘木虱、柑橘蚜虫等害虫也有很好的兼治效果，可作为柑橘害虫综防的一种选择性药剂加以开发利用。

用灭虫灵防治柑橘潜叶蛾，经田间示范和生产上的大面积推广应用表明，第一次防治适期，以统一放梢后，梢长1～2cm时喷药为宜，使用浓度，1%灭虫灵乳油以5 000～6 000倍液为佳（限当年的试验推荐，随着抗药性的增加，实际使用倍数不断降低，目前推荐倍数为1 000~2 000倍液）。

灭虫灵是一种无公害的抗生素农药，在柑橘上应用，具有效果好、毒性低、使用安全等特点，可在柑橘生产上全面推广应用。

倍硫磷防治柑橘花蕾蛆的效果简报

李学斌[1]　朱和平[2]

(1. 浙江省台州市椒江区农业农村和水利局，台州　318000；

2. 台州市椒江农场，台州　318000)

柑橘花蕾蛆为柑橘花期的害虫，主要为害柑橘花蕾。当柑橘花蕾直径 2~3mm 时，成虫产卵于花蕾顶端，卵孵化成幼虫为害花器，造成花蕾缩短膨大，花瓣上多有绿点，不能开放、授粉。当被害率达到 50% 以上时，会严重影响产量。由于六六六粉、呋喃丹等高毒农药的禁用，可供选择使用的药剂种类较少。1994 年我们应用浙江省黄岩农药厂生产的 5% 倍硫磷粉剂进行柑橘花蕾蛆防治试验，并在当地 330hm² 柑橘园进行示范推广，取得了很好的效果，现简单总结如下，供各地参考应用。

1　材料与方法

试材为台州市椒江农场三分场 37 年生本地早橘，于 4 月 13 日在树冠周围撒药，设每亩*用 5% 倍硫磷粉剂 3kg、3% 呋喃丹颗粒剂 2.5kg、4% 马敌可湿性粉剂 3kg 及空白对照 4 个处理。每个处理橘树 9 株，随机排列，重复 3 次。施药时将药粉拌细土，撒于树盘土面，施药需周到均匀，路边、沟边不能遗漏。5 月 5 日再调查花蕾受害率，计算防治效果。

---

*　1 亩 ≈ 667m²。

2 结果和讨论

试验结果表明，选用不同药剂对防治柑橘花蕾蛆均有一定效果，且各种药剂的防治效果差异十分明显，尤以倍硫磷的防治效果最好，花蕾受害率低，防治效果好，分别为 12.1% 和 80.2%，明显优于其他药剂。呋喃丹和马敌粉处理也有一定的防效，花蕾受害率分别为 24.8% 和 28.6%，防治效果分别为 59.3% 和 53.1%，而空白对照的花蕾受害率高达 61%，畸形花和露柱花多，对当年的开花坐果带来较大的影响。

倍硫磷为高效低毒药剂，用于柑橘花蕾蛆防治，效果好，成本低，使用安全，当年在椒江农场柑橘园的示范推广，防治效果好，也普受欢迎，是替代六六六粉、呋喃丹防治花蕾蛆的一种理想药剂。

另外，柑橘花蕾蛆防治，近几年各地示范应用的 50%辛硫磷乳油，每亩用 0.25 ~ 0.30kg，在柑橘花蕾露白期兑水 70 ~ 80kg 进行地面喷洒，也有很好的效果。

柑橘小实蝇的发生及防治措施

李学斌[1]　陈正满[2]　王永峰[2]　王允镔[3]　何凤杰[4]

(1. 台州市椒江区农业农村和水利局，台州　318000；

2. 台州市东茂观光农业有限公司，台州　318000；

3. 台州市黄岩区农业农村局，台州　318000；

4. 台州市农业技术推广中心，台州　318000)

柑橘小实蝇，又名东方果实蝇、果蝇、黄苍蝇。分布于福建、广东、广西、湖南、四川、云南、贵州和台湾等省、自治区，为国内植物检疫对象。除主要为害柑橘外，枇杷、杨梅、李、椰子、龙眼等250多种植物上也有为害，重发年份会造成大量落果、烂果，影响树势和产量。近几年来柑橘小实蝇浙江各地也广为传播，受害的作物种类多，为害越来越重，尤其对柑橘等水果产业带来很大的影响。现将柑橘小实蝇的发生情况及防治措施介绍如下，供各地参考。

1　柑橘小实蝇的形态特征

成虫，体长6~8mm，翅展宽16mm，全体深黑色和黄色相间。幼虫，1龄体长1.2~1.3mm，幼虫体半透明，2龄2.5~5.8mm，3龄7.0~11mm，2~3龄幼虫为乳白色，3龄以后的老熟幼虫为橙黄色，体圆锥形，前端小而尖，口钩为黑色，气门板内侧纽扣形构造较大而明显。蛹，椭圆形，长约5mm，宽约2.5mm，呈淡黄色。卵，梭形，一端稍尖，微弯，长约1mm，宽约0.1mm，呈乳白色。

2 柑橘小实蝇的发生规律

柑橘小实蝇浙江每年发生 3~5 代，在有明显冬季的地区，以蛹越冬，而在冬季较暖和的地区则无严格越冬过程，冬季也有活动。生活史不整齐，各虫态常同时存在。当气温高于 13℃ 时，一般在 5 月中旬成虫开始羽化，6 月中旬至 11 月上旬是发生为害期，尤以 9—10 月柑橘果实临近成熟时段发生为多，成虫发生量会迅速增多，到果实成熟前后是发生高峰期，橘小实蝇雌成虫因产卵器末端尖锐，可直接在果皮和果肉内产卵，雌虫更喜欢将卵产在果实缝隙、伤口、凹陷处等地方，卵期夏季 1d、秋季 2~3d，幼虫孵出后在果实内蛀食为害，1~2 龄幼虫不会弹跳，当长到 3 龄后的老熟幼虫，钻出果实，从果实表面弹跳至地面，寻找合适场所入土化蛹。受害果实未熟先黄，内部腐烂，引发大量落果，造成当年严重减产减收，对柑橘生产影响很大。

3 影响柑橘小实蝇发生为害的几个因素

据对椒江区柑橘小实蝇发生区块的调查，影响柑橘小实蝇发生为害的主要有以下几个因素。

3.1 虫源基数。凡上年有柑橘小实蝇发生过的园块，当年均有不同程度的发生，尤其栽培杂柑类品种为主的橘产区发生较为普遍，果实受害较为突出，这与虫源基数高密切相关，而上年没有发现柑橘小实蝇为害的园块，当年很少发生，只是偶尔见到有虫果和落果。

3.2 品种品系。不同柑橘品种品系，柑橘小实蝇的受害程度不一致。据对椒江区水果场等橘产区的调查，同一区块，日常管理水平相同的情况下，以红美人柑橘受害最重，发生最普遍，严重区块果实受害率达到 20%~30%，落果率 50% 以上，对当年的生产造成很大的影响，其他依次为宫川、龟井、鸡尾葡萄柚、山下红，而少核本地早、诺瓦橘柚和中晚熟温州蜜柑等基本没有受害，这可能跟各柑橘品种品系的特性、成熟期和果实成熟度等有关。

3.3　寄主植物。柑橘小实蝇的发生跟周边的作物种群也有密切相关，凡是柑橘园四周或混栽扁豆等豆科作物的，柑橘小实蝇的发生就严重，这与柑橘小实蝇寄主植物多，不同寄主之间的转移为害，以及食源丰富和发生基数高有直接关系。而单一种植的柑橘园，没有寄主间转移为害，发生为害较轻。

3.4　栽培设施。柑橘的栽培设施与柑橘小实蝇发生也有关系，凡是大棚设施栽培的柑橘园，针对同一品种柑橘小实蝇发生为害存在很大差异，设施栽培的明显比露地栽培的受害轻，尤其露地栽培的红美人等杂柑类品种，无论山地还是平原，发生为害越来越严重，这可能跟大棚设施栽培管理精细和隔离条件好等有关。

4　防治措施

4.1　诱杀成虫。诱杀是防治柑橘小实蝇成虫的一项重要措施之一，见效快，效果好，使用安全方便，对设施栽培柑橘园十分适用。主要是利用柑橘小实蝇成虫的趋光性，以及对颜色和气味等的趋性，在柑橘小实蝇发生为害果实的主要时期，田间悬挂黄板、专用诱捕器、诱粘球或自制诱粘瓶等进行诱杀成虫。

4.2　喷药防治。利用诱捕器进行的虫情监测为依据，在柑橘果实转色、柑橘小实蝇产卵盛期前开始树冠喷药，每隔15d喷1次，可选用吡丙醚、溴氰吡丙醚、氯氰菊酯、氯氟氰菊酯、阿维菌素、灭蝇胺等药剂进行防治，连喷2~3次，但要精准选药，严格用药的安全间隔期。

4.3　摘拾虫果。一般在9月下旬开始出现虫果时，根据果实受害症状判断或果实剥开检查，及时摘除树上的受害虫果和拣拾因虫害发黄脱落地面的果实，并深埋处理，要求填埋深度在50~60cm，集中消灭幼虫。

4.4　冬耕灭蛹。在冬季柑橘园管理时，结合中耕松土，机械杀死或冻死虫蛹，也可同时地面撒施辛硫磷颗粒剂等进行毒杀，降低虫口基数，以提高杀灭效果。

4.5　合理套种。在橘园内或四周不宜种植和套种与柑橘小实蝇寄主相同的果树或蔬菜，尤其开花坐果持续不断的扁豆等经济作物，这样可阻断小实蝇成虫和幼虫的补充营养及食物链，对控制发生为害也有较好作用。

椒江区柑橘锈壁虱局部暴发的
原因及防治对策

李学斌　王林云　项　秋

（浙江省台州市椒江区农业农村和水利局，台州　318000）

柑橘锈壁虱是柑橘上的一种重要害虫，对柑橘树势、产量和品质影响很大。由于害虫种群结构不断变化，防治药剂随之更新换代，锈壁虱的发生为害有上升趋势，由次要害虫向主要害虫演变。2020 年台州市椒江区柑橘园局部暴发为害，尤其沿海橘区受害较重。据对椒江农场多个发生区块的调查，柑橘锈壁虱暴发区的铜果率达到 70%~80%，造成的直接经济损失超 5 000 元/亩。现就椒江区柑橘锈壁虱的暴发情况和防治对策建议介绍如下，供各地参考。

1　椒江区柑橘锈壁虱的发生为害情况

柑橘锈壁虱主要为害叶片和果实，尤其果实受害，对果实正常的生长发育和品质影响很大，受害果变铜果后，失去商品价值，经济损失非常大，同时叶果受害后，还影响树势和翌年的产量。2019 年椒江橘区只有零星点状发生，并没有造成直接的经济损失，但到 2020 年就有多地橘园发生为害，其中暴发成灾的就有 6.67hm²，主要发生在少核本地早、满头红和鸡尾葡萄柚等柑橘品种上，造成的直接经济损失有 60 多万元，其中一个严重受灾户，1hm² 柑橘当年产量 5 万 kg，当年销售收入仅 2.5 万元，还不及当年生产资料投入的一半，因柑橘锈壁虱为害引发铜果，导致无法及时采收销售，当年造成的直接经济损失达 10 多万元，教训十分深刻。

2 影响柑橘锈壁虱发生的几个因素

通过对柑橘锈壁虱暴发区块的调查，柑橘锈壁虱发生为害跟以下几个因素有关。

2.1 虫源基数。凡上年柑橘锈壁虱发生过的园块，当年均有不同程度的发生，尤其沿海片区和房前屋后种植的柑橘发生较为普遍，这可能与日常管理、清园不到位和虫源基数高有关，而上年没有发现为害的园块，当年也甚少发生。

2.2 品种品系。不同柑橘品种品系，柑橘锈壁虱发生为害引发的铜果程度不一致。据对椒江农场种植户的调查，同一区块，日常管理水平相同的情况下，以满头红受害最重，铜果率最高，其他依次是鸡尾葡萄柚、红美人、胡柚、少核本地早，而宫川、日南、大分等温州蜜柑受害较轻，铜果率也较低，这可能与各柑橘品种品系的树冠特征、果实成熟期和枝叶果的生长特性等有关。

2.3 栽培管理。主要是整枝修剪、施肥抗旱、病虫防治等日常管理措施，对柑橘锈壁虱的发生有密切关系，凡是树冠通风透光、树势强、夏季抗旱和病虫防治及时到位的园块发生轻，铜果率低；而管理粗放、树势弱、树冠交叉郁蔽、枝条茂密的果园发生严重，铜果率高，尤其树冠通风透光不好、喷药防治不到位的园块，发生更加严重。

2.4 药剂交替。柑橘锈壁虱通常跟柑橘红蜘蛛一起防治，不单独进行用药防治，且柑橘锈壁虱的防治也相对比较容易，丁硫克百威和毒死蜱等传统杀虫剂都有很好的兼治效果，但随着这些传统杀虫剂的禁用，以及阿维菌素连续多年使用的抗药性，柑橘锈壁虱的发生为害有渐趋严重之势，同时缺乏这些药剂的日常兼治，加大防治难度，对柑橘锈壁虱的猖獗为害也有一定关系。

2.5 高温干旱。柑橘锈壁虱的发生与天气密切相关，尤其7—9月持续高温干旱天气的影响，十分有利于柑橘锈壁虱的发生为害。据椒江气象部门提供的数据，2020 年 7—10 月高温和干旱少雨是主要天气特征，期间雨量 425.1mm，比常年少 37%，其中 9 月 21 日至 10 月 30 日，雨量为 17.3mm，比常年少 88%；7—10 月平均气温 26.1℃，比常年高 0.5℃，其中持续高温超 14d。这也为柑橘锈壁虱的暴发为害创造了十分有利的天气条件。

3 对做好柑橘锈壁虱防控的几点对策和建议

柑橘锈壁虱由于繁殖速度快，发生代次多，容易在短期内造成猖獗为害。2020 年局部区块的暴发成灾，给柑橘的优质丰收带来极大的影响。因此在防治策略上，必须在加强日常栽培管理和做好虫情调查的基础上，针对不同类型的橘园，在不同时期采取不同的综合防治措施。

3.1 加强栽培管理。

3.1.1 做好整枝修剪 及时剪除过密枝、交叉枝、直立枝和病虫枯枝，培养通风通光的开心形树冠，有利病虫防控和日常的生产操作管理。

3.1.2 做好清园 在果实采收后或春梢萌芽抽发前，选用松脂合剂、松脂酸钠、石硫合剂等药剂清园，以降低病虫越冬基数和减少病虫源。

3.1.3 做好肥水管理 增施有机肥和夏秋干旱及时抗旱灌水，增强树势，形成不利于锈壁虱生存发展的环境条件，减轻为害。

3.2 加强虫情调查。对上年发生严重的园块，从 4 月开始选择 3~5 株树进行定点检查，如发现 20%叶片有螨或平均每叶有 2~3 头时，就可进行喷药防治。从 6 月中旬开始，每株检查 10~20 只果，如发现 20%的果实有螨或每果螨数平均达到 5 头，就要进行喷药防治。

3.3 做好药剂选择。柑橘锈壁虱防治药剂的选择，根据各地近几年的使用情况，除常用的阿维菌素、哒螨酮、苯丁锡外，还可选择阿维螺螨酯或阿维虱螨脲或联肼乙螨唑等药剂，且各种药剂要交替使用，以延缓抗性，提高防效。

3.4 注意事项。

3.4.1 柑橘锈壁虱虫体少，肉眼看不见，虫子性趋阴暗，在叶背和果实阴面发生较多，常由树冠内到外、下到上蔓延，发生代数多，繁殖速度快，防治难度大。因此喷药时必须均匀周到，尤其树冠内部和中下部的叶片正反面及果实阴阳面都必须喷湿喷透，以确保防治效果。

3.4.2 柑橘锈壁虱一年发生 18 代，4 月就开始在叶片上产卵为害，6 月是迅速繁殖期，7—9 月为猖獗发生期，因此常发园块和重发橘园，必须抓住 6 月的关键防治期，控制发生为害，每隔 15d 防1 次，连防两次以上。

3.4.3 柑橘锈壁虱的防治，可与其他病虫害防治结合进行，以节约防治成本，提高防效。

第二篇
柑橘病害篇

柑橘黄龙病的发生与防控对策

李学斌[1]　王允镖[2]　陈正满[3]　王永峰[3]　何风杰[4]

（1. 浙江省台州市椒江区农业农村和水利局，台州　318000；

2. 台州市黄岩区农业农村局，台州　318000；

3. 台州市东茂观光农业有限公司，台州　318000；

4. 台州市农业技术推广中心，台州　318000）

柑橘为台州农业的主导优势产业，也是农村农民经济收入主要来源之一。近几年来，由于柑橘黄龙病发生区域的不断扩大，严重威胁柑橘业的发展，尤其异军突起的红美人柑橘产业也面临重大风险，一旦迅速蔓延传播，会给台州柑橘业造成沉重打击，对实现农业的增效和农民的增收带来很大的影响。自 2021 年以来，台州各地发现柑橘黄龙病的病株逐年增多，柑橘木虱的发生区域不断扩大，柑橘黄龙病的防控形势十分严峻。控制柑橘黄龙病的蔓延传播，保障柑橘业的安全，已成当务之急。现就台州椒江柑橘黄龙病的发生概况与防控对策建议介绍如下，供各地参考。

1　柑橘黄龙病的发生概况

柑橘黄龙病为一种毁灭性病害，而柑橘木虱是其传播媒介，椒江区 1996 年在洪家塔下程首次发现柑橘木虱为害，市、区两级政府十分重视，下拨专项经费，召开防控会，普查柑橘黄龙病和柑橘木虱的发生情况，全面部署病株的挖除和柑橘木虱的统防统治。通过扑木虱、挖病株和强栽培等综合配套措施，使柑橘黄龙病和柑橘木虱的发生为害得到有效控制。相隔十年，又因苗木的无序流动，失管果园的增多，以及品种结构的调整，柑橘黄龙病又迎来发生高峰，2006 年发病面积达到 159.67hm²，约占当年种植总面积的 9%。2007 年的发病情况更加严重，病株数持续增加，这与感染时间早、潜伏期长，以及树势衰退、症状逐步显现等因素有关。2008 年以后由于柑橘黄龙病防控措施的及时跟进，以及浙江省柑橘无病毒良种繁育场和无病毒良种苗木繁育基地的建成，柑橘无病毒苗的大量供应，柑橘黄龙病的发生为害得到了有效控制。近 3 年来，柑橘黄龙病的发生又有迅速抬头之势，尤其 2023 年柑橘黄龙病在各柑橘产区均有发生，局部大暴发，严重区块株感染率达到 100%，为历年来少见的，这主要跟受害柑橘园病虫源基数高、种植管理分散、处于失管或半失管状态等有关。

2　柑橘黄龙病的主要传播途径

柑橘黄龙病主要靠柑橘木虱进行传播，而短时间内远距离传播还是带病的苗木、接穗以及台风漩涡卷带的带毒木虱。

2.1　柑橘苗木。这是主要传播途径，跟苗木的无序流动和当地培育大苗的习惯有关，尤其外地调入柑橘小苗，经当地假植 1~2 年后，培育成大苗，再贩销各地，在苗木繁育调运过程中，会有许多带病虫苗木流入，经过几年栽培后，发病症状逐步显现。

2.2　柑橘接穗。接穗也是主要途径之一，近几年来柑橘杂柑类新品种的不断引进，通过接穗进行高接换种的，也不在少数，而接穗的流动，尤其带毒接穗的高接，会直接导致发病。

2.3　柑橘木虱。柑橘木虱是柑橘黄龙病的传播媒介，由于地球气候的变化，暖冬现象的持续出现，柑橘木虱的越冬死亡率低，发生区域在不断扩大，传播范围也越来越广，对柑橘生产的影响也越来越大。

3　柑橘黄龙病的发生症状与诊断依据

根据田间调查，不同的柑橘品种，表现感病的症状不一致，如温州蜜柑和红美人的差异很大，温州蜜柑最主要典型症状是"红鼻子果"，还有黄叶和黄梢，而红美人梢叶症状不明显，但果实畸形、黄化等各种症状均有。针对各地的调查，柑橘黄龙病发病症状总体概括为"三黄"，即黄梢、黄叶、黄果，现分别表述如下。

3.1　黄梢。这是发病初期的典型症状，主要是浓绿树冠上出现的单条或数条枝梢发黄，非常显眼，是诊断依据之一。

3.2　黄叶。分斑驳黄化、均匀黄化和缺素黄化，其中斑驳黄化为主要诊断依据，即在叶片转绿后，叶片基部开始黄化，并逐步扩散褪绿，形成黄绿相间、一块黄一块绿的叶片。均匀黄化，在夏秋梢上出现较多，叶片在转绿过程中停止转绿，而呈现均匀黄化，叶质硬化，无光泽。缺素黄化，主要在中晚期病树上，主侧脉及其附近的叶肉保持绿色，脉间的叶肉呈黄色，类似缺铁和缺锰症状。

3.3　黄果。病树果畸形，果皮变软，果小味酸，部分品种的果实，果蒂附近部位先发黄，其余部分呈暗绿色，俗称"红鼻子果"，是主要的诊断依据。

4　影响柑橘黄龙病发生程度的几个因素

　　通过对柑橘黄龙病发生区块的调查分析，影响柑橘黄龙病发生程度的主要有以下几个因素。

4.1　虫源基数。凡上年有柑橘木虱发生过的园块，当年均有不同程度的发生，尤其平原片区和房前屋后零星种植的柑橘发生非常普遍，这与日常管理和柑橘木虱防治不到位，以及虫源基数高密切相关，而上年没有发现柑橘木虱为害的园块，当年看到也很少，只有零星病株。

4.2　品种品系。不同柑橘品种品系，柑橘黄龙病发生为害的程度也不一致。据对椒江章安和农场片区的调查，同一区块，日常管理水平相同的情况下，以温州蜜柑受害最重，株发病率最高，其他依次是红美人、鸡尾葡萄柚、少核本地早、胡柚。而温州蜜柑中，以早熟宫川受害最重，其他依次为大分、日南，中晚熟温州蜜柑受害较轻，这可能与各柑橘品种品系的树势强弱、当年挂果量多少，以及敏感性等有关。

4.3 栽培管理。日常的栽培管理跟柑橘黄龙病发生程度呈密切相关，凡是栽培管理和病虫防治等及时到位，树势强，树冠通风透光好的园块发生轻，株发病率低；而管理粗放，树势弱，树冠交叉郁蔽，枝条茂密的果园发生严重，株发病率高，尤其失管及其相邻的橘园发生更加严重。

4.4 暖冬天气。柑橘黄龙病的发生与天气密切相关，尤其暖冬天气的持续影响，十分有利柑橘木虱的发生和迁移为害，也为柑橘黄龙病的暴发创造十分有利的气象条件。据椒江气象部门提供的数据，2020 年以前的十年，年平均气温为 18.2℃，其中冬季平均气温为 8.5℃，而 2020—2023 年的年平均气温分别为 19.5℃、19.5℃、19.2℃、19.4℃，其中冬季平均气温分别为 10.8℃、10.3℃、9.0℃、9.0℃，比前十年的平均气温分别高 2.3℃、1.8℃、0.5℃、0.5℃。暖冬天气持续，有利柑橘木虱的越冬和发生传播，也加剧了柑橘黄龙病的暴发为害。

5 柑橘黄龙病防控存在的问题

在各级政府和有关部门的大力支持下，柑橘黄龙病的防控工作已取得一定的成效，但存在问题也不少，主要有：一是面对柑橘黄龙病防控的长期性和艰巨性，还缺乏足够的认识，柑橘黄龙病发生出现循环往复，时控时发。二是对柑橘黄龙病普遍存在重挖轻防的思想，病株挖除力度大，但防范意识弱，尤其苗木、接穗私自调运现象严重。三是柑橘黄龙病速检技术尚未普及，田间症状识别易与柑橘的缺素黄化症等相混淆，一旦确诊就十分严重，易错失防控最好时机。四是柑橘无病毒良种繁育基地建成后，由于运行经费无法保障，无病苗的供应跟生产脱节。五是柑橘黄龙病的防控经费，没有列入正常预算，经费不足，严重影响柑橘黄龙病防控工作的开展。

6　柑橘黄龙病防控的对策与建议

6.1　强化防控宣传，提高防控意识。柑橘黄龙病主要是由柑橘木虱的发生传播，以及带病苗木、接穗的无序流动等引起的。随着失管橘园的增多，柑橘黄龙病的发病进程加快，病株也不断涌现，柑橘黄龙病和柑橘木虱的完全扑灭，也绝非易事。据各地的防控经验，柑橘黄龙病的防控，必须强化宣传，提高认识，把柑橘黄龙病防控作为一项长期而又艰巨的任务，深入持久地抓下去，才能把柑橘黄龙病的发生为害控制在最低水平。

6.2　强化保健栽培，提高抗病能力。柑橘黄龙病的防控，除发现病株及时挖除并狠抓柑橘木虱的扑灭防治外，根据台州各地的防控经验，推行健身栽培，重点培育强壮树势，提高抗病能力，对控制柑橘黄龙病的发生和为害，也是一项非常重要的栽培措施。目前应普及推广培养开心形树冠，实行生草栽培、合理留果、增施有机肥和中微量元素肥料、病虫害优化防治等保健栽培措施，增强树体抗病性。

6.3　强化果园监管，提高防控成效。由于受土地征占用及果农外出务工、经商等原因，部分柑橘园严重失管，甚至不施肥不喷药，放任生长，基本处于荒芜或半荒芜状态，树势弱、抽梢紊乱，是柑橘木虱发生的最适宜区，往往虫口密度高，发生为害重，也是柑橘黄龙病的高发区，尤其地处房前屋后，公路沿线及工业用地征用范围的橘园，完全处于失管或半失管状态，如不加强监管，对周边正常生产管理的橘园也带来很大的影响。因此这类橘园，必须加强监管，严格防控，妥善处置。而对周边相邻果园，必须采取隔离措施，如设施果园四周加装防虫网、露地果园搭建防虫网墙等，以提高防控效果。

6.4 强化技术研究，提高防控效率。柑橘黄龙病由于潜伏期长，初期症状不明显，即使出现症状，也容易跟缺素黄化症等相混淆，耽误最佳防控时期。利用常规的 PCR 检测，需要专业人员和配置专业设备，经费投入多，检测程序烦琐，因此研究探索简单高效的速测技术是当务之急。另外，利用现有的技术基础，筛选适合柑橘木虱防治和柑橘黄龙病防控的新型药剂，以切实提高柑橘黄龙病的防控效率。

6.5 强化种苗管理，确保种苗安全。由于各地农业结构的调整和受土地征占用的影响，本地柑橘苗木的需求量较大，大部分苗木来自外地，通过集市供应当地需要，很少有通过开具产地检疫证书调入的，苗木的质量无法保证，流入带病苗木的可能性很大，对柑橘黄龙病的发生起到推波助澜的作用，各相关部门必须采取措施，控制苗木、接穗的无序流动，集中力量，打击无证苗木上市销售，严格执行苗木产地检疫和调运制度。

6.6 强化种苗繁育，确保苗木供应。利用柑橘无病毒良种繁育基地，提供安全优质无病毒良种苗木，是柑橘黄龙病防控的一项重要措施，但由于柑橘无病毒苗繁育，生产成本高、投入大、管理费用高、效益差，没有相关扶持政策，难以开展正常运营，部分基地处于转型状态。建议各级政府出台相关政策，扶持柑橘无病毒苗产业的发展，确保柑橘无病苗的稳定供应。

6.7 强化资金投入，确保精准防控。柑橘黄龙病防控是一项长期而又艰巨的任务，牵涉面广，工作量大，投入人力、物力多，经费不足，严重制约柑橘黄龙病防控工作的开展，尤其日常的监测和抽检，没有经费保障，难以组织实施。各级政府必须增加财政扶持力度，每年安排一定的预算，用于开展柑橘黄龙病的监测、防控试验和技术攻关，以确保防控成效。

柑橘黑点病防治药剂筛选试验

王林云　李学斌　叶晓伟

（浙江省台州市椒江区农业农村和水利局，台州　318000）

　　柑橘黑点病也称沙皮病，是柑橘树脂病的一种症状表现，是柑橘上一种重要的真菌性病害，近年来在浙江、江西等柑橘产区普遍发生，严重影响鲜销果实的外观品质，果实的优质果率大为降低，重发年份会造成很大的经济损失。随着柑橘产业转型升级的不断推进，提质增效成为柑橘产业发展的主要目标，柑橘黑点病防治也列入柑橘病虫绿色防控的重点对象。为做好柑橘黑点病的防治，2018年椒江区开展了柑橘黑点病防治药剂的筛选试验，观察各种药剂在柑橘黑点病上的防治效果，以期为当地生产实际提供防治柑橘黑点病药剂选择参考。

1　材料与方法

1.1　试验地基本情况。试验地点位于浙江省台州市椒江区章安街道闸头村黄岙山橘场，品种为宫川（早熟温州蜜柑），树龄 20 年左右，连片露地栽培。土壤为黄泥土，土壤 pH 值为 4.2，有机质含量 29.9g/kg。供试地管理比较粗放，病枯枝也较多，柑橘黑点病已经发生流行多年，为害严重，常年果实外观品质差，优质果率低，黑点病也系历年重点防治对象之一。

1.2　供试药剂及处理。试验共设 6 个处理，①80%喷克可湿性粉剂 600 倍液（代森锰锌，美国仙农公司生产）；②78%科博可湿性粉剂 600 倍液（波尔·代森锰锌，美国仙农公司生产）；③18%松脂酸铜乳油 600 倍液（湖南万家丰）；④37%苯醚甲环唑水分散粒剂 3 000 倍液（河北）；⑤75%百菌清可湿性粉剂 800 倍液（江苏江阴苏利化学股份有限公司）；⑥清水对照。6 个处理的小区随机排列，每个处理选定 3 株树，重复 3 次，各处理间树体相对隔离。选用手动背包式喷雾器进行常规树冠喷药，第一次喷药时间为花谢 2/3，即 2018 年 5 月 3 日，以后每隔 15~20d 喷 1 次，共喷 6 次（包括第二次喷药后因 2h 内下雨，隔天晴后补喷 1 次）。

1.3 病害调查及数据处理。果实防效调查于 2018 年 11 月 7 日进行，每小区调查 3 株树，每株树分东、南、西、北、中 5 个方位，共调查 100 个果实，就果实的感病程度进行分级，计算果实病情指数和防效。果实病情分级标准：0 级—无病斑；1 级—病斑细小、斑点不易辨析，病斑相连面积占整个果实表面积 5%以下；3 级—病斑斑点容易辨析，病斑相连面积占整个果实表面积 5%~10%；5 级—病斑相连面积占整个果实表面积 11%~25%；7 级—病斑相连面积占整个果实表面积 26%~50%；9 级—病斑相连面积占整个果实表面积 50%以上。

病情指数 = $\sum$（各级病果数×该病级数）/（调查总果数×最高级数）×100

防治效果（%）=（对照区病情指数-处理区病情指数）/（对照区病情指数）×100

2 结果与分析

从表 1 看出，各种药剂防效差异较大，其中以喷克的防效最好，80%喷克可湿性粉剂 600 倍液，防效为 94.5%，其次是 78%科博可湿性粉剂 600 倍液，防效为 83.23%，这两种为 5 种药剂中防治柑橘黑点病的较好的两种药剂。37%苯醚甲环唑水分散粒剂、18%松脂酸铜乳油和 75%百菌清可湿性粉剂 3 种药剂防效很差，同喷克等代森锰锌类药剂存在显著差异，可能与使用浓度偏低有关。

表1 不同杀菌剂对柑橘黑点病防治效果

药剂	稀释倍数	病果率（%）	病情指数	病指防效（%）
80%喷克可湿性粉剂	600	22	10.7	94.5a
78%科博可湿性粉剂	600	58	32.7	83.23b
18%松脂酸铜乳油	3 000	100	173.3	11.0d
37%苯醚甲环唑水分散粒剂	600	100	160.0	17.9c
75%百菌清可湿性粉剂	800	100	175.4	10.0d
CK	—	100	194.8	—

注：表中不同小写字母表示差异显著（$P<0.05$）。

3 小结

从本次田间试验结果来看，主要体现在以下几个方面。一是80%喷克可湿性粉剂600倍液和78%科博可湿性粉剂600倍液均对柑橘黑点病有很好的防效，且喷克较科博高11个百分点，两者总体防效较优，与浙江黄岩等地对柑橘黑点病防治药剂代森锰锌类防治效果较好的研究结果一致，均可作为柑橘黑点病防治的主导药剂，在柑橘生产上全面推广应用。二是在试验调查中观察到，80%喷克可湿性粉剂、78%科博可湿性粉剂及18%松脂酸铜乳油施用对柑橘煤烟病等病害有一定的兼治效果，处理树清洁少煤烟。三是本试验中75%百菌清可湿性粉剂800倍液防治效果只有10.0%，与胡秀荣等的研究存在一定差距，其文章中75%百菌清可湿性粉剂500倍液防效可达76.8%，排除试验误差可能性外，药剂稀释倍数偏高可能对防效影响较大，需进一步试验验证。

4 讨论

树龄、树势、地域、栽培管理、灾害性天气等因素均影响柑橘黑点病的发生，凡树龄长、树势衰弱、地势低洼积水、栽培管理粗放、田间病枯枝较多及栽植密度高郁闭明显的园块，感病率高，尤其山地种植的早熟温州蜜柑发生为害更重。反之树龄轻、树势强健、阳光充足、田间整洁及栽培管理良好的橘园发生轻。在灾害性天气中，降雨对柑橘黑点病发生影响明显，特别是6—7月病害发生高峰期的强降雨和连降雨，会加剧当年病害发生，因此在降雨多的年份，更要加强病害的防治。同时近年普遍推广的中庸树势及完熟栽培也在不同程度上削弱树势，诱使柑橘黑点病大面积发生流行。据文献记载，柑橘果实不同生长阶段对黑点病的抗性不一，而果实发育阶段与抗性的关系对田间喷药时间至关重要。黑点病感染时间不同，病害症状也存在差异，感染越早的症状越明显，形成的黑点较大且突出明显，有粗糙感，而后期感染的黑点细小，凸起不明显，表皮细胞更没有木栓化。相关资料认为，6月上旬至8月下旬是柑橘黑点病持续发生的时期，其中6月中旬至7月中旬为柑橘黑点病发生的高峰期。另有报道介绍柑橘黑点病防治适期是谢花开始至幼果期（一般在5月上旬至7月下旬）的100d内，8月以后喷药防治几乎没有效果。基于各地调查研究、药效试验及柑橘病害综合防治的原则，柑橘黑点病防治建议从柑橘谢花2/3开始，每隔15~20d防1次，连防5~6次。柑橘黑点病防治重在预防，特别是雨水较多年份和管理粗放的果园，要及时采取农业防治和化学防治措施，加强橘园管理，增强树势，做好整枝修剪降低接种源，改善树冠通风透光，提高抗病性。适期喷施喷克等进口代森锰锌类杀菌剂，科博（波尔·代森锰锌）可兼治多种病害，也是防治柑橘黑点病较理想的药剂。

东江本地早蜜橘采前炭疽病防治试验

王允镔[1]　刘高平[1]　黄茜斌[1]　冯初国[2]　黄振东[3]

(1. 浙江省台州市黄岩区果树技术推广总站, 台州　318000;

2. 台州市黄岩长潭水库管理局林场, 台州　318000;

3. 浙江省柑橘研究所, 台州　318000)

东江本地早是由普通本地早珠心系实生变异单株选育而成, 具有"早熟、少核、高糖、美观"等优良特点, 成为黄岩柑橘发展的首选良种之一。2010 年在头陀镇断江村发现"东江本地早"初结果树在果实成熟期出现大量腐烂脱落现象, 损失十分严重。为此, 我们于 2011 年对此病开展了药剂防治试验, 现小结如下。

1　试验材料和方法

1.1　试验材料。试验地点设在黄岩区头陀镇断江村金义武家柑橘园, 试验树为 8 年生东江本地早树, 2011 年 9 月估产为 1 500kg/亩。供试药剂及生产厂家见表 1。

表 1　供试药剂种类、浓度及生产厂家

处理	药剂	稀释倍数	生产厂家
1	30%苯醚甲环唑水分散粒剂 (世蓝)	2 000倍	山东潍坊双星农药有限公司
2	30%苯醚甲环唑水分散粒剂 (世蓝)	3 000倍	山东潍坊双星农药有限公司
3	25%溴菌晴可湿性粉剂 (炭特灵)	1 000倍	江苏托球农化有限公司

处理	药剂	稀释倍数	生产厂家
4	70%甲基硫菌灵可湿性粉剂（托布津）	600 倍	江苏龙灯化学有限公司
5	80%代森锰锌可湿性粉剂（太盛）	600 倍	江苏龙灯化学有限公司
6	清水对照		

1.2 试验方法。试验设 6 个处理，详见表 1，试验按随机区组排列设计，每小区 2 株，每个处理 4 次重复，共设 6 个处理 24 个小区。9 月 17 日开始喷药防治，每隔 15d 喷 1 次，共喷 3 次，喷药时要注意全株叶片，以正反面均匀淋湿为度。

1.3 调查方法。防治效果的调查分 3 次进行，分别是 10 月 13 日、10 月 25 日和 11 月 11 日，每株树分东、南、西、北 4 个方位，随机调查 100 个果实，根据分级标准计算病情指数，各处理之间的防治效果用 Minitab 软件进行比较。

分级标准：0 级—无病斑；1 级—病斑面积小于 1%；3 级—病斑面积 1% ~ 5%；5 级—病斑面积 5% ~ 10%；7 级—病斑面积10% ~15%；9 级—病斑面积 15%以上。

病情指数=100×∑（各级病果数×相对级数值）／（调查总果数×9）

防治效果（%）= ［（对照区病情指数−处理区病情指数）／对照区病情指数］×100

2 试验结果及分析

2.1 不同药剂对本地早采前果实炭疽病的防效。本试验对果实病情指数调查共 3 次，第一次在 10 月 13 日进行，是因为东江本地早采前炭疽病在 10 月上旬表现出病症；第二次在 10 月 25 日进行，因为 10 月底是东江本地早采前炭疽病发病盛期；第三次在 11 月

11 日，本地早采收前调查。从表 2 可以看出，世蓝 2 000 倍液和 3 000 倍液、炭特灵 1 000 倍液、硫菌灵 600 倍液、太盛 600 倍液在 10 月 13 日第一次调查时都有较好的防治效果，各处理防效在 73% 以上。第二次和第三次调查时，前 4 个处理世蓝 2 000 倍液和 3 000 倍液、炭特灵 1 000 倍液、硫菌灵 600 倍液防治效果较好，其中世蓝 2 000 倍液效果最好，两次调查防效都在 79% 以上，但是，世蓝 2 000 倍液与 3 000 倍液、炭特灵 1 000 倍液、硫菌灵 600 倍液之间并没有显著性差异，太盛 600 倍液在后两次调查中防效较差，与其他处理间差异显著。

表 2　不同药剂对本地早炭疽病防治效果

处理	10 月 13 日		10 月 25 日		11 月 11 日	
	病情指数	防效（%）	病情指数	防效（%）	病情指数	防效（%）
世蓝 2 000 倍	0.10	98.96 A	3.88	79.22 A	2.96	81.47 A
世蓝 3 000 倍	2.58	73.32 A	4.73	74.67 AB	3.39	78.77 A
炭特灵 1 000 倍	1.09	88.73 A	3.89	79.16 A	6.54	59.05 AB
硫菌灵 600 倍	2.57	73.42 A	3.91	79.06 A	7.19	54.98 AB
太盛 600 倍	2.60	73.11 A	8.12	56.51 B	10.55	33.94 B
清水对照	9.67	—	18.67	—	15.97	—

注：不同大写字母表示（$P = 0.05$）显著差异。

2.2　安全性评估。在整个试验过程中，各处理未观察到对柑橘枝梢、果实有药害症状。

3　小结与讨论

东江本地早为黄岩选育出的优良本地早品种，具有丰产、优质、少核、早熟等优点，但是，2010 年和 2011 年连续在初结果树上表现果实成熟期出现大量腐烂脱落现象，造成了严重的经济损失。同期，在新本 1 号少核本地早上也发病严重。

20 世纪 90 年代初，黄岩橘区的少核本地早也在果实近成熟期遭受炭疽病为害，损失严重，与近两年暴发的采前炭疽病表现相似，防治方法以发病前一星期喷布 70%硫菌灵可湿性粉剂 500 倍液或 1 000 倍液。在本试验中，同为内吸性杀菌剂世蓝、炭特灵、硫菌灵防治效果都较好，而保护性杀菌剂太盛防效较差，其中，世蓝（苯醚甲环唑）效果最好，因此，可以在 9 月中旬开始喷施世蓝 3 000 倍液，每隔 15d 喷施 1 次，连续 3 次，也可以与炭特灵和硫菌灵交替使用，对防治东江本地早采前炭疽病有较好的效果。

柑橘炭疽病的发生与防治

李学斌[1]　李伟星[2]　何凤杰[3]

（1. 浙江省台州市椒江区农业农村和水利局，台州　318000；

2. 台州市椒江绿清环境发展有限公司，台州　318000；

3. 台州市农业技术推广中心，台州　318000）

　　柑橘炭疽病是柑橘上的一种重要病害，主要为害柑橘的梢、叶、果，造成叶焦、枝枯、果落，严重影响柑橘的树势和产量，尤其柑橘成熟期对果实受害，常引发严重的经济损失。通过多年来的观察和示范，我们已充分认识柑橘炭疽病的发生为害特征，并提出柑橘炭疽病的防治措施，实用性强，推广应用价值高，成效十分显著。

1　柑橘炭疽病发生为害的症状

1.1　叶片。

1.1.1　叶斑型　多发于老熟叶片或潜叶蛾受害叶，干旱季节发生较多，病叶脱落较慢，病斑轮廓明显，近圆形或不规则形，病斑直径 3~14mm，多从叶缘及叶尖开始发病，由淡黄色或浅灰褐色变成褐色，病健部界限明显，后期干燥时病斑中部变为灰白色，表面稍突，密生呈轮纹状排列的小黑点（即分生孢子盘），如遇潮湿天气，这些小黑点上会产生大量红色液点（即分生孢子）。

1.1.2　叶枯型　发病多从叶尖或叶缘开始，初期呈青色或青褐色开水烫伤状病斑，并迅速扩展为水渍状、边缘不清晰的波纹状近圆形或不规则的大病斑，一般直径 30~40mm。严重时感染大半叶片，病斑自内向外色泽逐渐加深，略显环纹状，外围常有黄晕圈。

1.1.3　青枯型　多发于老熟叶片，受持续高温干旱天气的影响，发病叶呈枯萎失水状态，叶片卷缩、脱落。

1.2　枝梢。病斑常发生在叶柄基部腋芽处，病斑呈褐色，椭圆形或长菱形，当病斑环梢一周时，病梢由上而下枯死，上散生黑色小斑点，在病梢上的叶不易脱落。发病期遇连续阴雨天气，也会出现"急性型"症状，即发生于刚抽生的嫩梢顶端 3 ~ 10cm 处，似开水烫伤状，3~5d 后枝梢及嫩叶凋萎变黑色枯死。3 年生以上的枝梢，病健病很难分辨，敲开树皮，才可看到发病部位。

1.3　苗木。大多离地面 6 ~ 10cm 或嫁接口处发病，产生深褐色的不规则病斑，严重时可引起主干上部的枝梢枯死，也有从嫩梢一二片顶叶开始发病，症状如枝梢"急性型"，自上而下蔓延，使整个嫩梢枯死。

1.4　果实。

1.4.1　僵果型　一般在幼果直径 10 ~ 15mm 时发病，初生暗绿色油渍状、稍凹陷的不规则病斑，后扩大至全果，天气潮湿时长出白色霉层和橘红色黏质小液点，以后病果腐烂变黑，干缩成僵果，悬挂树上或凋落。

1.4.2　干疤型　在干燥条件下，果实近蒂部至果腰部发生圆形、近圆形或不规则形的黄褐色至深褐色病斑，稍凹陷，皮革状或硬化，病健部界限明显，为害仅限于果皮，呈干疤状。

1.4.3　泪痕型　在连续阴雨或潮湿天气条件下，大量分生孢子通过雨水从果蒂流至果顶，侵染果皮形成红褐色或暗红色微突起小点组成的条状型泪痕斑，不侵染果皮内层，影响果实外观。

1.4.4　果腐型　主要发生于贮藏期果实和果园湿度大时近成熟的果实上遭冷害（霜害）的影响，大多从蒂部或近蒂部开始发病，也可由干疤型发展为果腐型，病斑初为淡褐色水渍状，后变为褐色至深褐色腐烂，果皮先腐烂，后内部果肉变为褐色至黑色腐烂。

2　柑橘炭疽病的发生规律

以菌丝体和分生孢子在病部越冬，也可以以菌丝体在外表正常的叶片、枝梢、果实皮层内呈潜伏侵染状态越冬。

侵染循环有两种方式，相互交叉进行。第一种是病部越冬的菌丝体和分子孢子盘，在翌年春季环境适宜时（本菌生长的适宜温度 9~37℃，最适为 21~28℃），病组织产生孢子，借风雨或昆虫传播，经伤口和气孔侵入，侵入寄生引起发病。初次侵染源主要来自枯死树梢、病果梗。分生孢子全年可以产生，尤以当年春季枯死的病梢上产生数量最多，侵入寄生的病菌具有潜伏的特性，潜伏期长短，因温度而异，最短的 3d，长的半年至一年，多数为 1 季。第二种侵染循环方式的病源来自体表正常的叶片、树梢和果实皮层等。发病与干旱环境条件和树体本身的抗病能力密切相关。

3　影响柑橘炭疽病发生因素

柑橘炭疽病发生期长，症状类型复杂，影响发病程度的因素也很多，主要有以下几种。

3.1　品种。早熟温州蜜柑、椪柑等发病较重，其次是橙橘、本地早，中晚熟温州蜜柑、胡柚等发病较轻。

3.2　挂果量。同一柑橘品种，挂果量多的树，发病重，反之，挂果量适中或少的树，发病轻。

3.3　管理。橘园管理精细，树势强的，发病轻，反之管理不善，病虫发生为害而造成树势衰弱的橘园，发病重。

3.4　气候。发病与气候环境条件和树体本身的抗病能力密切相关。高温高湿、涝害、旱害、冷害时发病重，尤其在柑橘遭遇台风洪涝或持续高温干旱天气的影响，以及柑橘树受冻后，树势衰弱，容易暴发，要及时做好预防。

4 防治技术

4.1 防治适期。花谢 2/3、台风暴雨等灾害性天气过后的果实生长期、果实成熟前期为防治适期。

4.2 防治措施。

4.2.1 物理防治 加强栽培管理，增强树体的抗病能力。做好橘园深翻改土，增施有机肥和磷、钾肥，避免偏施氮肥，及时做好抗旱、排涝、防冻（霜）、防虫等工作。做好清园，减少病源。冬、春季结合修剪，剪除病虫枯枝、扫除落叶、落果和病枯枝，集中烧毁。

4.2.2 化学防治 从柑橘谢花后开始，可结合柑橘疮痂病和柑橘黑点病等防治，选用 78%波尔锰锌可湿性粉剂（科博）600~800 倍液或 80%代森锰锌可湿性粉剂（喷克、大生）500~600 倍液等进行防治。如发病较重，可选用 25%溴菌清（炭特灵）可湿性粉剂 600~800 倍液或 25%咪鲜胺乳油 800~1 000倍液等进行防治。

4.3 防治注意事项。

4.3.1 防治柑橘炭疽病，在发病症状表现后再进行喷药防治，往往效果不甚理想，在防治策略上，应预防为主，可结合柑橘疮痂病和柑橘黑点病的防治进行。

4.3.2 对柑橘炭疽病常发园块和重发园块，在发病期，要每隔 7~10d 防 1 次，连喷两次以上。

4.3.3 在药剂防治柑橘炭疽病的同时，混喷磷酸二氢钾和有机腐殖酸类等营养液进行根外追肥，既能补充树体营养，增强树势，提高抗病力，又能保证防效。

4.3.4 对于果实发育后期柑橘炭疽病的防治，若使用粉剂类药剂防治，易在果面产生药斑而影响果实外观品质，所以宜选择水剂、微乳剂或乳油类药剂进行防治。

柑橘树脂病的发生及防治措施

朱建军[1]　颜丽菊[2]　马志方[3]

(1. 浙江省临海市白水洋镇农业综合服务中心，临海　317000；

2. 临海市特产技术推广总站，临海　317000；

3. 临海市尤溪农业综合服务中心，临海　317000)

临海是中国无核蜜橘之乡，全市现有柑橘面积 1 3333.3hm²，其中温州蜜柑占95%以上，年产柑橘25万 t，产值5亿多元，是农民经济收入的主要来源。由于柑橘树脂病为害日趋严重，尤其是推广完熟采收、设施栽培、树势中庸管理等一系列提高橘果内在品质的技术措施以来，橘果的内在品质明显提高，但也造成了柑橘树势趋弱，特别是遇到台风、冻害、幼果期连续多雨等灾害性天气后，会使柑橘树脂病，特别是果实黑点病大范围发生，影响柑橘的外观品质、树势，严重的橘树整株死亡，对橘农造成很大的损失，现已上升为柑橘的主要病害。

1　为害症状

柑橘树脂病，俗称"烂脚病"。此病主要为害枝干、果实、叶片和嫩梢，在枝干上发生的称树脂病或流胶病；在幼果、叶片和嫩梢上发生的称黑点病或砂皮病；在成熟果实和贮藏果实上发生的称褐色蒂腐病。其表现症状如下。

1.1　流胶型和干枯型。枝干受害后，表现为流胶和干枯两种类型。流胶型最初病部呈现灰褐色水渍状，组织变松软，皮层上有细小的裂纹，接着渗出褐色胶液，并有类似的酒糟味。高温干燥情况下，病部逐渐干枯、下陷，边缘皮层干枯坏死翘起，死皮脱落，木质部裸露。干枯型病部无显著流胶现象，皮层为红褐色，干枯略下陷微有裂缝，但皮层不很快脱落，病、健部交界处有一条明显隆起的界限。两种症状病菌都能透过皮层侵染木质部，使木质部变成浅灰褐色，并在病健交界处形成一条黄褐色或黑褐色的痕带。病斑表面或表皮下密生黑色小粒点（即分生孢子器）。

1.2 砂皮或黑点型。叶片、新梢及未成熟的果实受害后，表面产生许多散生或密集的黄褐色或黑褐色硬胶质小粒点，手摸有粗糙感，像黏着许多细沙，故又称砂皮病。

1.3 褐色蒂腐病。主要为害成熟果实，以贮藏期较多。首先从果蒂产生小渍状圆形褐色病斑，随后病斑扩大，向脐部发展，边缘呈波纹状，果心腐烂比果皮快，当果皮 1/3~1/2 腐烂时，果心已全部腐烂，故又叫"穿心烂"。

2 发病特点

本病病原菌为一种子囊菌，以菌丝和分生孢子器（病部小褐点）在病树组织内越冬，翌年春天产生分生孢子，借风雨及昆虫传播，由伤口（风伤、冻伤、灼伤、剪口伤、虫伤等）侵入。本病发生与气候、树势等均有密切关系，台风、冻害后，枝干伤口增多，易诱发树脂病，如 2004 年云娜台风、2008 年大冻后，加剧了此病发生。5—6 月及 9—10 月，月平均气温在 18~25℃，阴雨天气多，有利于病菌的活动，果实砂皮病或黑点病发病率就高，如2011 年早熟温州蜜柑黑点病发病率达 80% 以上。老树、衰弱树，枯死枝多易感病。不同品种对树脂病的抗病性也有差异，以温州蜜柑，甜橙和金柑发病较严重，其次为榿橘、朱红、乳橘和早橘，本地早抗病性较强。

3　防治措施

3.1　加强栽培管理。增强树势，提高树体抗病力，特别要注意防台风、防冻、防旱涝、防日灼，避免造成各种伤口，以减少病菌侵染。

3.1.1　增施有机肥　山地橘园，幼年树施 1~2 次腐熟有机肥（如猪牛栏、鸡栏、鸭栏、兔粪、饼肥等），对改良土壤、促进幼树生长很有好处。结果树则以适量增施腐熟兔粪为宜，不宜过多施用有机肥，否则会降低品质。

3.1.2　主干涂白　入冬、盛夏前，将主干、主枝涂白，增强树体反射能力，减少昼夜温差，避免"日烧夜冻"，同时可杀灭多种越冬病菌及虫卵。涂白剂的配比为：硫黄∶食盐∶植物油∶生石灰∶水＝0.25∶0.1∶0.1∶5∶20，先将硫黄粉与生石灰充分拌匀后加水溶化，再将溶化的食盐水倒入其中，然后加植物油和水，充分搅拌均匀成糊状。

3.1.3　树盘覆盖　冻害来临前，在橘树树盘覆盖作物秸秆或杂草，厚度约 10cm，四周用土压实、压严，或培客土，厚度 20cm 左右。

3.1.4　冬、春季清园　早春结合修剪，彻底剪除病枝、枯枝，剪口涂保护剂，剪下的病枯枝集中烧毁。树冠、地面喷洒波美 0.8~1 度石灰硫黄合剂或晶体石硫合剂 80~120 倍液，杀灭越冬病原菌和虫卵。

3.2　病斑刮治。对已发病的树，可在春季用利刀彻底刮除病斑组织，周围超出病斑 1cm 左右，并纵横划数条裂口至木质部。在新鲜的牛粪中加入 70% 的甲基硫菌灵 50 倍液搅拌成浆糊状，涂抹伤口，或用 402 抗菌剂或过氧乙酸等药剂，连续涂药 2 次，间隔 15d。

3.3　化学防治。5 月上旬花谢 2/3 时，用 70% 甲基硫菌灵 600~800 倍液喷 1 次，幼果期至果实膨大期，每隔 20~25d 喷 1 次，连续3~4次，药剂可选用代森锰锌类（80%山德生、80%大生、80%喷克、75%蒙特森）等可湿性粉剂600倍液或40%福星乳油4 000倍液或30%显粹乳油4 000倍液，以上药剂应交替轮换使用，以防止产生抗药性，提高防治效果。同时，具体要根据5—8月天气情况而定，天气晴朗、雨水少则可少喷几次。

3.4 防止果实贮藏期腐烂。果实适当早收，并剔除病、伤果实，然后包装入箱贮藏。

施保功防治柑橘贮藏期病害试验

李学斌

(浙江省台州市椒江区农业农村和水利局，台州 318000)

施保功是一种新型的咪唑类广谱杀菌剂。受德国艾格福公司的委托，用于柑橘贮藏期病害的防治试验，取得了很好的防腐保鲜效果，现简报如下。

1 材料与方法

1.1 供试药剂。50%施保功（咪鲜胺锰盐）可湿性粉性剂，德国艾格福中国有限公司提供；25%施保克（咪鲜胺）乳油，德国艾格福公司生产；40%百可得（双胍三辛烷基苯磺酸盐）可湿性粉剂，大日本油墨化学工业株式会社生产。

1.2 方法。1996 年 12 月 2 日选自椒江三甲的满头红和东山的椪橘为试材，设施保功 1 000 倍液、1 500 倍液、2 000 倍液，施保克 800 倍液，百可得 2 000 倍液和空白对照 6 个处理，每个处理橘果 15 ~ 20kg，随机排列，重复 3 次。用不同浓度的药液浸果 1 ~ 2min，捞起后分别装入四周垫有报纸的纸板箱，置室内常温贮藏。每隔 30d 检查 1 次，剔除病烂果，记录各种病害引起的烂果数，计算病果率和防效。

2 试验结果

2.1 施保功对柑橘贮藏期病害的防治效果。50%施保功可湿性粉剂 1 000 ~ 2 000 倍液用于柑橘贮藏保鲜，对控制椪橘和满头红的贮藏期病害均有很好的效果。据药后 70d、100d 的调查，施保功对椪橘和满头红贮藏期病害的防效分别达到 30.80% ~ 84.81%、52.47% ~ 68.68%，明显优于对照药剂施保克 800 倍液和百可得 2 000倍液的药效（表 1）。但施保功不同处理浓度间效果有差异，随着浓度的提高，药效提高。

表 1　施保功对柑橘贮藏期病害的防治效果

处理药剂	稀释倍数	椪橘贮藏 100d（%）			满头红贮藏 70d（%）		
		腐果率	防效	好果率	腐果率	防效	好果率
施保功	1 000	19.83	66.47	80.17	1.06	84.81	98.94
施保功	1 500	18.52	68.68	81.48	2.88	58.74	97.12
施保功	2 000	28.11	52.47	71.89	4.83	30.80	95.17
施保克	800	42.79	27.65	57.21	5.71	18.19	94.29
百可得	2 000	55.56	6.05	44.44	6.02	13.75	93.98
空白对照	—	59.14	—	40.86	6.98	—	93.02

2.2　施保功对柑橘贮藏期青、绿霉病的防治效果。试验结果表明，施保功 1 000 ~ 2 000倍液处理对椪橘和满头红的贮藏期的青、绿霉病均有很高的防治效果，但不同处理浓度间效果有差异，以 1 000倍液、1 500倍液处理的效果最好，达 96% 以上，明显处于施保克 800 倍液和百可得 2 000倍液处理的效果与施保克 800 倍液的相近，防效在 85% 左右，但比百可得 2 000倍液处理的效果要好。

3　小结与讨论

施保功为一种新型的广谱杀菌剂。1996—1997 年经室内常温贮藏试验显示，施保功 1 000 ~ 2 000倍液对柑橘贮藏期的各种病害均有很高的效果。其药明显优于常用药剂施保克和百可得，且使用安全可靠，是一种很有开发应用前景的新型柑橘防腐保鲜剂。

据观察，施保功除对柑橘青、绿霉病有效外，同样对柑橘贮藏期的炭疽病和褐腐病也有很好的效果。

1996—1997 年施保功通过在台州市的栅浦、葭沚、东山等主橘产区的近 1.5 万 t 柑橘贮藏的示范应用，也表明该药剂对控制柑橘贮藏期病害有很好的效果，具有效果好、腐烂少、费用低、使用安全等特点。

施保功除用于柑橘贮藏保鲜外，1997 年我们还用于蘑菇青、绿霉病、褐腐病及大棚蔬菜的炭疽病和灰霉病的防治。尤其在蘑菇病害的防治上，既能防病，又能获得优质高产，很受广大菇农的欢迎。

第三篇
自然灾害篇

椒江区柑橘冻害发生原因
分析及对策建议

李学斌[1] 王林云[1] 项 秋[1] 郑晴之[2]

（1. 浙江省台州市椒江区农业农村和水利局，台州 318000；
2. 台州市椒江区章安街道农业综合服务中心，台州 318000）

由于受寒潮和强冷空气的双重影响，2020 年 12 月 29 日至 2021 年 1 月 11 日，椒江区出现严重的低温冰冻天气，48h 降温幅度达 12~14℃，全区最低气温-6~-4℃，其中台州湾新区极端最低气温达 - 8.5℃，对椒江区的柑橘生产造成严重影响，全区 1 600hm² 柑橘，受冻面积达到 1 333hm²，其中受灾面积 1 200hm²，严重受灾面积 153.3hm²（包括尚未采收的大棚柑橘和露地柑橘 10hm² 左右），预计造成的经济损失在 2 000万元以上，现将这次柑橘的受冻情况和灾后应对措施等介绍如下，供各地参考。

1 柑橘受冻的主要原因分析

1.1 低温。低温是造成柑橘冻害的主要原因，2021 年元旦前后的寒潮，日均气温降幅达 12~14℃，31 日最低气温-6~-4℃，2021 年 1 月 1 日台州湾新区新佳果站最低气温-7.0℃。2021 年 1 月 7—10 日的强冷空气，椒江区出现 21 世纪以来的最低气温，城区-5.3℃，台州湾新区新佳果站最低气温-8.5℃，极端低温是导致柑橘果实和枝叶受冻的主要因素。

1.2 位置。据对受冻柑橘园的调查，橘园所处的位置与冻害发生有密切相关，凡是位于风口处和冷空气容易沉积的地带，尤其北面靠山、南侧及周边有阻挡的平原橘园，受强冷空气和寒潮的影响，大风与低温相伴，持续时间长，降温剧烈，是这次柑橘冻害发生的重灾区。

1.3 干旱。主要是加剧柑橘冻害的发生，2020 年秋冬季持续干旱，柑橘园缺水普遍严重，据椒江气象提供的资料，自 2020 年 9 月 21 日至 2021 年 1 月 31 日累计雨量 72.1mm，为 1951 年以来历史最少，其中 9 月 20 日至 12 月 31 日全区平均降水量 56.9mm，仅为常年同期两成，蒸发量 267.7mm，干燥比达 4.7，2020 年 12 月降水量 27.8mm，较常年和上年分别偏少 35.5%、84.9%，2021 年 1 月降水量 15.8mm，较常年和上年分别偏少 75.9%、78.3%；雨水异常偏少，空气干燥，柑橘树受旱，生长势弱，抗寒力差，遭遇低温，受冻更加严重。

2 影响柑橘冻害发生程度的几个因素

2.1 不同地域栽培的柑橘，受冻程度差异明显。据对冻害发生园块的调查，不同地域栽培的柑橘，受冻程度差异明显，元旦前后的强冷空气和寒潮对山地和椒江两岸种植的柑橘，几乎没有影响，而平原和海涂种植的柑橘受冻较重，尤其位于山脚下冷空气易沉积的平地橘园，受冻最为严重，如章安上洋村、下洋村、山横村，位于乡道两侧的柑橘园受冻后一片枯黄，秋梢和晚秋梢全部受冻，3 级以上冻害面积占 40% 左右，2 级以上冻害面积占 50% 左右，其次是沿海橘区受冻也较重，如椒江农场区块南北两侧的柑橘园，1 级以上冻害面积占 60% 左右，2 级以上冻害面积占 30% 左右，不同地域间受冻表现明显的差异。

2.2 不同类型的柑橘设施大棚，果实受冻程度有差异。元旦前后的低温冰冻天气对柑橘生产的影响，以大棚完熟栽培的柑橘受冻最为严重，绝大部分果实受冻，尤其满头红、宫川蜜柑等历年来不易受冻的柑橘果实也无一幸免，这是近 20 年来少见的。但不同类型的大棚设施，受冻程度差异也很大，以避雨大棚栽培的，果实受冻最严重，如椒江农场的大棚满头红，顶上薄膜覆盖，周边用防虫网的避雨棚，留树果实全部受冻，其次是山地双连栋大棚宫川和红美人，如章安闸头的大棚柑橘，80%～90%的果实受冻，而钢架连栋大棚，每栋大棚面积为 0.67hm² 以上的，果实受冻相对较轻，如章安蔡桥和山门村的大棚红美人，果实受冻率在 50%～60%，差异十分明显。

2.3　不同的柑橘品种品系，受冻程度有差异。不同的柑橘品种，抗寒性差异明显，受冻的损害程度也大不一样，据调查，2020 年 12 月 29 日至 2021 年 1 月 11 日的低温冰冻天气影响，以鸡尾葡萄柚的受冻最为严重，秋梢和晚秋梢叶片基本焦枯一片，其次宫川蜜橘和红美人等杂柑类，部分梢叶受冻较重，引发焦枯和脱落，再者是满头红和少核本地早等受冻较轻，以晚秋梢受冻为主，中晚熟温州蜜柑表现较强的耐寒性，基本未受影响。而露地栽培尚未采收的杂柑类果实（套袋），不同品种，果实受冻有差异，甘平和伊予柑果实全部受冻，而阿斯蜜（明日见）果实受冻较轻，这可能跟果实的成熟度有关。

2.4　不同树龄的柑橘，受害程度也有差异。幼龄柑橘树和苗木，抗寒性差，易受冻，而成龄树受冻影响较轻，这次低温冰冻天气影响，表现十分明显，如平原种植的鸡尾葡萄柚、红美人、阿斯蜜的幼龄树和苗木几乎全部受冻，一般都是 2 级以上冻害，其中死株占 1/3 以上，而成龄树主要是秋梢和晚秋梢受冻，其他部分影响不大，属 1 级或 2 级冻害。这跟幼龄树根系浅、年抽梢次数多、梢期晚、抗逆性差等有关。

2.5　不同的栽培管理水平，受冻程度有差异。凡是生产管理水平高、树势强、灌溉设施好的橘园，受冻轻，反之，管理粗放、树势弱、受旱严重的橘园，尤其大棚柑橘受冻十分严重。如对章安下洋村何某某周边园块的调查，同为温州蜜柑品种在同一地块因管理差异，受冻程度大不一样，管理精细的仅秋梢和晚秋梢部分受冻，而管理粗放的几乎全树叶片受冻，个别植株甚至受冻死亡。另外，据对受冻橘园的调查，橘树受冻后进行地面追肥和重修剪的园块，受冻程度有加剧趋势，这可能与根系受损和修剪伤口多、树冠蒸腾作用强、根系吸水能力差等有关。

3 灾后的应对措施

3.1 及时抗旱灌溉。2020 年秋冬季的持续干旱，柑橘园缺水普遍严重，尤其大棚柑橘，因棚内气温高，蒸发量大，缺水更加严重，给柑橘树正常的生长带来了很大影响。冻害发生后，柑橘树失水较多，受冻的叶片水分蒸腾还在持续，大棚柑橘也因果实受冻采收后，叶片失去了调节水源，根系和树体都十分需要水分，及时灌溉供水，对促进树势恢复和减轻冻害造成的损失十分重要。

3.2 及时摘除枯叶。这是防止柑橘树加剧冻害造成损失的一项重要措施。柑橘树受冻后，轻则表现叶片焦枯或落叶，重则柑橘树叶片枯而不凋，水分蒸腾还在持续，树体不断失水，会加剧冻害造成的影响，必须及时摘除受冻干枯的叶片，尽量多保留好的叶片，防止持续失水，加剧对树体的损害和受冻程度。

3.3 适时修整枝叶。待萌芽后能分辨出枯死枝时，及时剪除枯枝、病虫枝，尽量保留健壮枝叶，剪口位于干枯部位以下 1~2cm 处。对受冻较轻的橘树，可适当加重修剪，有利冻后树势恢复。对受冻较重的树，应进一步推迟修剪，并重建部分骨干枝，修剪时将受冻致死的骨干枝回缩到未受冻部位，剪口部位留小枝以抑制新梢旺长。伤及主枝的橘树宜待春梢基本老熟后锯干，可提高受冻橘树成活率。

3.4 适时补充营养。受冻橘园萌芽前不宜施肥，待新梢多数抽生后再施追肥，施肥次数应视树体受冻程度酌情增减，一般追施 2~3 次速效肥，以尿素和三元素复合肥为主，促新梢生长，加快恢复树冠。为弥补根系吸肥能力的不足，新梢抽发期可结合病虫防治进行根外追肥，可喷 0.3% 尿素加磷酸二氢钾或绿美等有机腐殖酸类营养液，每隔 7~10d 喷 1 次，连喷 2~3 次，对促进嫩叶转绿和新梢成熟有重要作用。

3.5　及时预防病害。对受冻树，冻后枝叶损伤，伤口多，枝干裸露，易诱发各种病害发生，如柑橘树脂病、溃疡病、日灼裂皮病等，对于这些病害的防治，关键在于预防，灾后可结合根外追肥，树冠喷 78% 科博可湿性粉剂 600~800 倍液等杀菌剂进行预防各种病害。另外受冻树新梢抽发次数多、抽梢期长，要特别注意柑橘蚜虫、潜叶蛾、红蜘蛛、凤蝶、卷叶蛾等害虫的防治。

4　几点建议

4.1　加强灾害天气预警，及时采取应对措施。据气象预报预警，在低温冻害来临前，加强各项栽培管理措施，尤其做好抗旱防冻的各项准备工作，如及时采收成熟柑橘，避免受冻损失。对确需延期采收的大棚柑橘，要采取双膜覆盖栽培或棚内木炭加温等综合配套措施，提高防冻保暖效果。

4.2　加强标准大棚建设，提升抗寒防冻能力。椒江地处沿海，灾害性天气频繁发生，普通大棚抗灾能力弱，应尽量选用钢架连栋大棚，配置保温加温设施，并从操作管理和提高抗灾能力等方面综合考虑，每栋大棚面积建议控制在 0.67hm² 左右，邀请有资质的大棚设计施工单位，建造标准化大棚。

4.3　加强政策扶持力度，发展加温大棚设施。目前的大棚设施，基本以避雨、保温功能为主，单独配置加温设备设施的很少，主要跟加温设施投入大，使用成本高，建议政府出台相关政策措施，支持和促进加温设备设施的示范推广和普及应用，不断提升抵御自然灾害的能力。

4.4　加强柑橘结构调整，发展名特优新品种。根据这次柑橘园的受冻程度，要因地制宜，实施分类管理，采取相对应的补救措施和办法，如对枝叶严重受冻，当年或下年无法投产的中晚熟温州蜜柑或适应性不是很好的柑橘品种，可借机采取高接换种，改造发展优新品种，而对受冻严重无法挽救的橘树，宜尽快挖除，清理园土，重新选择优良品种，实施大苗移栽补植。

柑橘日灼果的发生原因与防御对策

郑晴之[1]　李学斌[2]　王林云[2]　项　秋[2]

（1. 浙江省台州市椒江区章安街道农业综合服务中心，
台州　318000；2. 台州市椒江区农业农村和
水利局，台州　318000）

柑橘日灼果，又称太阳焦，是果实在高温天气下遭强日照暴晒引起的果面灼伤，一般受伤部位以受光面多的果顶为主，初期为褐色斑点，以后连片发黄变褐，呈黄褐色，轻则灼伤部位仅限于果皮，变暗褐色，表面粗糙，果皮木栓状，干疤坚硬；重则伤及果肉，囊瓣失水、囊壁木栓化、果实失去食用价值，且日灼果易发生裂果、烂果、落果，严重影响当年的产量和品质。2022 年椒江区遭遇罕见的异常高温和干旱天气影响，全区 1 262hm² 柑橘，日灼果发生面积达到 1 200hm²，占总面积的 95.1%，其中严重受灾面积约 400hm²，预计造成的产量损失 1 500t 左右，经济损失在 600 万元以上，现将 2022 年椒江柑橘日灼果的发生情况分析与对策建议介绍如下，供各地参考。

1　柑橘日灼果发生的原因分析

柑橘日灼果主要发生在 7—9 月，日灼的发生与果实表面温度密切相关，尤其遭遇干旱缺水，果面受到太阳光直射持续暴晒，使果皮表面温度迅速升高，达到一定的"阈值"温度时，果面就灼伤而引发日灼果。

1.1　高温。高温往往伴随着强日照，是造成柑橘日灼果发生的主要原因，尤其35℃以上的连续高温天气极易引发日灼果。据椒江气象部门提供的资料，2022年7—8月日最高气温出现≥35℃的有46d，其中8月25—26日连续出现≥37℃的酷热天气，为1951年以来高温日数最多的年份，台州站7月21日极端最高气温41.0℃，打破1951年以来历史最高纪录。高温天气分别出现在：7月5—17日、7月19—23日、7月25—28日、7月31日至8月1日、8月5—7日、8月9—26日、8月30日，其中，7月5—17日连续13d高温、8月9—26日连续18d高温，均刷新2007年7—8月最长连续高温纪录。持续高温及强日照，使树冠顶部和枝叶稀疏部位的果实受强光照直射影响，果皮灼伤受损发黄，造成柑橘日灼果的发生。

1.2 干旱。2022年夏秋季持续干旱，柑橘园普遍出现缺水，尤其山地果园因缺乏灌溉水源受旱更重。据椒江气象部门提供的资料，自2022年6月22日开始，椒江就进入持续晴热少雨阶段，直至8月31日总降水量89.0mm，蒸发量342.8mm，气象干旱天数达到51d，属重旱—特旱等级。7月雨日6d，较常年少6d，月降水量23.7mm，不足常年的1/6，为历史同期第六少，其中当月中下旬降水量1.2mm，为历史同期最少。8月雨日7d，月降水量63.2mm，不足常年的1/3，为历史同期第六少，其中当月中旬无降雨，上旬、下旬雨量分别为15.4mm和47.8mm，比常年同期分别少79.9%和47.3%。7—8月的持续晴热少雨，柑橘树受旱缺水，枝叶萎蔫现象普遍发生，而当树体供水不足时，叶片要优先夺走果实的水分来满足自己蒸腾需要，从而影响果实的发育膨大，尤其果皮组织发育差，较常年明显偏薄，抵御灾害能力弱，当遭遇高温强日照天气时，日灼果的发生就更加严重。

2 影响柑橘日灼果发生程度的几个因素

柑橘日灼果的发生程度，除与天气条件和果实耐热性密切相关外，还与以下几个因素有关。

2.1　柑橘品种品系。不同的柑橘品种品系，抗逆性差异明显，果实发生日灼受损的程度也不一致。据对章安、三甲等地的调查，受2022年7月1日至2022年8月31日高温干旱天气的影响，相同管理条件下，日灼果发生以大分、宫川和红美人等品种品系最为严重，其次是少核本地早，日灼果发生较多，引发的裂果也很严重，中晚熟温州蜜柑、鸡尾葡萄柚和甘平、伊予柑、阿斯蜜（明日见）、沃柑等杂柑类品种，果实日灼发生较轻，这可能跟不同柑橘品种品系果皮发育的程度和厚度有关，果皮薄、抗逆性差的品种品系发生重，反之果皮厚、抗逆性强的品种品系发生轻。

2.2　柑橘果实的着生部位。柑橘果实不同的着生部位，日灼果发生差异明显。树冠顶部和外围是日灼果发生的重灾区，尤其树冠顶部的朝天果和无枝叶遮挡的裸露果，基本焦黄一片，80%以上的果实发生日灼，树冠中下部的内膛果和有枝叶遮挡的果实，日灼发生很轻。

2.3　柑橘种植区（地）域。据对柑橘果日灼发生园块的调查，不同区（地）域种植的柑橘，日灼果发生率有明显差异，平地和沿海种植的明显重于山地，尤其日照充足、空气流通较差的区块日灼发生特别严重，这与散热不畅、温度太高有关。而山地种植的柑橘，不同坡向日灼发生也存在明显差异，西坡或西南坡种植的柑橘，尤其夏天日照充足的区块发生非常严重，北坡和东北坡种植的柑橘发生较轻。

2.4　栽培设施。受2022年7—8月的高温干旱天气的影响，设施栽培柑橘的日灼果发生明显轻于露地栽培的，尤其设施大棚加盖遮阳网后，除棚四周略有影响外，日灼果很少发生，这与遮阳网挡住直射光，减轻光照强度，又使棚内温度下降3~5℃有关。另外柑橘园配置灌溉设施完备，高温季节供水正常的，日灼果发生轻，而灌溉设施不完备，缺水严重的果园日灼果发生严重。标准钢架连栋大棚由于设施齐全，柑橘日灼果的发生也明显低于普通单栋大棚，这与棚内生长空间大和空气流通等有关。

2.5 不同结果时期。处于不同的柑橘结果时期，日灼果发生差异也明显。初结果柑橘树和树冠矮小的衰老结果树，受光广而充足，日灼果发生多，而成龄柑橘结果树，尤其是树冠封行的园块，由于枝叶茂盛，果实受光面和日照时间短，柑橘日灼果发生也轻。

2.6 栽培管理水平。凡是生产管理水平高、树势强、灌溉设施好，实施生草栽培的橘园，日灼果发生轻，反之，管理粗放、树势弱、受旱严重，尤其清耕除草的橘园，日灼果发生严重。据对章安下洋村何某某等多个园块的调查，生草栽培与清耕除草相邻的两个园块，日灼果发生率相差 3~5 倍。另外同为温州蜜柑品种，做好抗旱灌水与受旱缺水的果园，日灼果发生差异也十分明显。

3 柑橘日灼果的防御对策

3.1 果园生草覆盖。生草覆盖是柑橘园抗旱保湿的一项重要措施，尤其沿海橘区夏秋干旱和台风暴雨频繁发生期，做好果园生草或覆盖，对提高柑橘树抗逆性、增强抵御自然灾害的能力具有十分重要的作用。果园生草一般自 6 月开始，直至 9 月结束，而果园覆盖利用杂草、秸秆、稻草等树盘覆盖，主要在旱季进行，覆草厚度 5~10cm。

3.2 及时抗旱灌溉。2022 年夏秋的持续高温干旱，柑橘园缺水普遍严重，尤其山地柑橘园，因水源和设施受限，缺水更加严重，给柑橘树正常的生长发育带来极大影响，因树体失水过多，枝叶凋萎，果实焦黄，甚至出现死株。及时灌溉供水，对促进树势恢复和减轻果实日灼发生十分重要。有条件的利用滴灌等设施均衡供水，没条件的人工补水，每次要浇透补足，根据旱情发展及时供水。

3.3 遮阴降温防晒。预防柑橘果实日灼主要是做好遮阴降温和防晒，目前最有效的措施是搭建简易棚，覆盖遮阳网，经各地近两年来的示范实践，覆盖遮阳网对柑橘树降温防晒和防果实日灼发生十分有效，尤其在红美人等杂柑类品种上的应用非常成功。另外，还有高温时节树冠顶部果实贴白纸，以及树冠喷防晒剂等均有一定效果。

3.4 适时补充营养。受旱橘园根系生长受损，吸收肥水的能力也弱，可通过根外追肥及时补充树体营养，可选用磷酸二氢钾、尿素、有机腐殖酸类营养液或钙尔美等高效专用叶面肥，混合或交替喷施，每隔 7~10d 喷 1 次，连喷 3~5 次。这对增强树势、提高抗逆性、减轻灾害性天气造成的果实日灼和裂果等损失均有一定的作用。

3.5 及时防治病虫。高温干旱天气，树体水分等消耗大，易导致树体生理失水，影响树势和树体生长，易引起柑橘螨类和炭疽病等病虫的暴发，可结合根外追肥喷施代森锰锌和咪鲜胺等药剂进行防治。高温晴热天气防病治虫，要合理配药，不要盲目提高使用浓度。喷药时间宜在 10 时前和 16 时后进行，以提高防效，避免药害。

4 几点建议

4.1 根据气象灾害预警，制订应对管理措施。根据气象部门提供的高温干旱天气预报预警，及早谋划制订各项应急管理措施，尤其是在持续高温干旱天气下，柑橘园管理的各项应对措施和实施方案，如园地的生草覆盖和土壤改良、柑橘树的控梢留果，以及配套的抗灾防灾措施，着力提高抗灾能力。

4.2 完善大棚设施配置，提升抗灾防灾能力。目前柑橘大棚均以避雨和保温防冻为目的，结构和设备配置十分简单，尤其降温设施基本没有配置，抵御夏秋高温能力弱。因椒江地处沿海，灾害性天气频繁发生，除选用钢架连栋大棚外，遮阴降温和抗旱灌溉等设施必须配置，以提高抗灾能力。

4.3 强化政策扶持力度，提高大棚建造标准。椒江柑橘设施栽培大棚，基本上都是自建的简易钢架，设施简单，几乎没有配置降温、保湿、加温等设备，这与配套设施投入大、使用成本高有关。建议政府出台相关政策措施，增加补助项目，提高补助标准，支持和促进标准大棚建设和普及推广，不断提升抵御自然灾害的能力。

柑橘裂果发生的原因及对策

李学斌[1]　陈　聪[2]

(1. 浙江省台州市椒江区农业农村和水利局，台州　318000；

2. 台州市椒江区气象局，台州　318000)

　　柑橘裂果是一种生理性病害，一般自 8 月开始零星出现，9 月往往是裂果发生的高峰期，10 月以后裂果渐趋减少（文旦除外），尤其灾害性天气多发年份裂果较为普遍，会给柑橘生产带来严重影响，如 1990 年夏秋高温干旱天气的持续和台风暴雨的频繁发生，使椒江柑橘裂果产量损失达 2 625t，占柑橘总产的 9.4%，平均亩裂果产量损失 114.6kg，尤其早熟温州蜜柑裂果更为严重，亩裂果损失 200kg 以上，最高的亩裂果损失达 512kg。在当年裂果发生高峰期过后，我们及时组织各地农技干部开展裂果调查，考察裂果发生现场，分析裂果发生的原因及影响因素，并提出减少裂果发生的对策，为今后各地做好裂果预防提供参考。

1　柑橘裂果发生的原因分析

　　通过现场考察和综合分析后认为，引起柑橘裂果发生的原因，主要与柑橘果实迅速膨大期的气候条件有关，尤其 7—9 月间高温干旱和台风暴雨天气的持续或交替发生，造成柑橘果皮和果肉的生长发育失调，是诱发柑橘裂果的主要因素。

1.1　气候条件。从 1990 年椒江洪家国家基准气候站气象记录情况分析，当年 7 月平均气温比常年偏高 0.6℃，其中中旬有 5d 出现 35℃以上的高温，比历年同期气温高 1.3℃，月内最高气温在 30℃

以上的天数有 29d，月降水量 24mm，是历年同期的 20%，也是中华人民共和国成立以来的第三个低值年，而且蒸发量达 225.6mm，是同期降水的 9.4 倍，从 6 月 26 日至 7 月 31 日长达 35d，基本上没有下过透雨，土壤、空气十分干燥，温度高、湿度高，树冠蒸腾作用强，使树体供水出现严重失调，白天中午树冠叶片常表现萎蔫状态，同时由于干旱 7 月初施的小暑肥，也因土壤缺水不能充分吸收利用，这给正处于迅速生长和需水较多时期的柑橘果实发育带来严重影响，首先树体供水不足时，叶片要优先夺走果实的水分来满足自己的蒸腾需要，除柑橘果实本身的发育需水不能满足外，果实固有的水分还被用来缓和叶片水分的亏缺，柑橘果实发育减缓，甚至出现停滞，同期果实果皮薄、果实大小也明显少于往年。据 RoRach（1953）证明，沙漠蒂甜橙在水分亏缺期间供给叶片的水分主要由果皮供给，因此缺水时对柑橘果实发育的影响，果皮大于果肉，也就是缺水时柑橘果皮发育的影响较果肉膨大明显。当年 8 月的第一天，受 9 号强热带风暴影响，降雨 63.1mm，后又连遭 12 号、15 号二次强热带风暴和台风的影响，使 8 月降水量达 442.7mm，为 40 年来同期的第二个多雨月，月降水量比历年同期高 126.87%，9 月又是多雨月，月雨日有 19d，降水量达 342.3mm，是历年同期的 174.4%。由于受 8 月、9 月雨水的充足供应和 7 月初施下小暑肥肥效发挥的双重影响，果实沙囊迅速吸水膨大并积累较多碳水化合物，促进柑橘果肉迅速发育膨大，对柑橘果皮产生很高的压力。当果皮不能承受果肉迅速膨大产生的膨压时，果皮就会出现破裂，即产生裂果。

1.2　果实发育。从柑橘果皮的发育规律分析，一般 7 月底果皮就已长至最大厚度，进入 8 月以后果皮还要继续变薄。高温干旱天气的持续，就会影响柑橘果皮正常的发育增厚，使皮变薄，果肉的生长也受抑制。据我们 1990 年 10 月进行的多点采样考查结果，也证实当年柑橘因干旱果皮发育较差，果皮明显偏薄，当年早熟温州蜜柑的果皮厚度仅为 0.20~0.23cm，较往年的 0.22~0.26cm 薄 0.02~0.03cm。果皮薄，雨水供应不均，尤其7—8月干旱，8—9月雨水充足供应，更会加剧柑橘裂果发生。

2 影响柑橘裂果发生的因素

2.1 地域。不同地域种植的柑橘，裂果程度存在明显差异。一般山地种植的柑橘，由于土壤保湿保水条件好，抗旱能力较强，裂果发生轻，海涂土壤质地差，黏性重，易受涝受旱，裂果发生重。平原柑橘介于山地与海涂之间，裂果发生属中等。对不同地域种植的具有一定代表性的园块，选择树冠大小和长势相近的早熟温州蜜柑树调查发现，山地柑橘裂果发生轻，平均裂果率为6.1%，其次是平原柑橘，裂果率为17.2%，海涂柑橘裂果最为严重，平均裂果率为29.4%，最高的裂果率达32.3%，详见表1。

表1 不同种植地域的柑橘裂果发生情况

地域类型	调查地点	树龄（年）	砧木	裂果率（%）	平均裂果率（%）
山地	杨司乡竹峇村	9	枳壳	4.2	6.1
	栅浦乡水门村	7	枳壳	7.8	
	西山乡后村	6	枳壳	6.3	
平原	山东乡新欢村	6	枸头橙	21.7	17.2
	加止镇明星村	6	枳壳	11.7	
	洪家镇前洪村	7	枳壳	18.1	
海涂	山东乡民欢村	9	枸头橙	28.9	29.4
	甲北乡六甲村	8	枳壳	27.0	
	三甲镇七塘村	6	本地早	32.3	

2.2 品种品系。在同一园块种植、砧木、树龄、管理等都基本一致的不同柑橘品种品系，裂果发生程度有较大差异。皮薄多汁的早

熟温州蜜柑裂果最为严重，平均裂果率达25.1%，最高的裂果率达26.9%；中、晚熟温州蜜柑因果皮发育较厚，裂果发生轻，平均裂果率为5.2%；果皮宽松的椪橘，裂果也有发生，平均裂果率为1.4%；本地早、早橘的裂果率分别为2.0%、2.2%，这是往年所少见的（表2）。

表2 不同柑橘品种品系的裂果发生情况

品种品系	调查地点	树龄（年）	砧木	裂果率（%）	平均裂果率（%）
早熟温州蜜柑	杨司乡双阳村	5	枳壳	25.3	
	椒江农场	9	枸头橙	23.1	25.1
	甲北乡六甲村	7	枸头橙	26.9	
中、晚熟温州蜜柑	杨司乡双阳村	5	枳壳	3.2	
	椒江农场	9	枸头橙	6.5	5.2
	甲北乡六甲村	7	枸头橙	6.0	
椪橘	西山乡后村	10	枸头橙	2.6	
	椒江农场	9	枸头橙	1.5	1.4
	栅浦乡水门村	12	枸头橙	1.1	
本地早	西山乡后村	21	枸头橙	2.5	
	椒江农场	24	枸头橙	2.0	2.0
	甲北乡六甲村	17	枸头橙	1.4	
早橘	椒江农场	23	枸头橙	2.2	2.2
文旦	杨司乡双阳村	5	枳壳	25.3	8.5

文旦裂果往年都有发生，1990年文旦裂果发生特别早，比往年早15d，9月1日就有裂果，9月15日裂果率达8.5%，国庆节前裂果近20%。许多果农为减少裂果损失，国庆节刚过就开始采摘，比往年早采10~15d。

2.3　抗旱。抗旱是橘园夏季管理的一项重要内容，特别是 7 月的抗旱，对柑橘的生长和果实发良影响很大，凡及时做好抗旱的橘园，裂果发生显著减少，且抗旱次数多、抗旱质量好的裂果发生又较抗旱次数少、质量差的轻，而没有抗旱的园块，裂果发生重（表 3）。

表 3　抗旱灌溉对柑橘裂果的影响

调查地点	树龄（年）	品种品系	抗旱时期、方法、次数	裂果率（%）
下陈镇杨家村	8~10	早熟温州蜜柑	7 月园沟灌水 3 次	9.2
三甲镇七塘村	8	早熟温州蜜柑	7 月园沟灌水 1 次	29.3
三甲镇海宝村	9~10	早熟温州蜜柑	7 月未抗旱	35.4
加止镇星光村	7	中、晚熟温州蜜柑	7 月园沟灌水 3 次	3.6
加止镇五洲村	7	中、晚熟温州蜜柑	7 月园沟灌水 2 次	4.2
甲北乡光辉村	9	早熟温州蜜柑	7 月未抗旱	36.8
山东乡民辉村	10	早熟温州蜜柑	7 月沟灌 2 次	24.9
山东乡民辉村	8	早熟温州蜜柑	7 月灌浇水 1 次	41.1
山东乡民辉村	6	早熟温州蜜柑	7 月未抗旱	55.1

说明：柑橘抗旱各村均统一行动，在调查时只对邻村选有一定代表性的园块进行比较。而山东乡民辉村系由同一户管理不同园块的调查结果。

2.4　激素。在柑橘幼果期使用九二○等激素进行保果的橘树，裂果发生会显著减少，特别是用九二○涂果处理，裂果发生很轻。据我们在杨司乡双阳村柑橘保果试验园调查，对同一园块、树龄、品种品系、长势、管理等都基本一致的橘树，用九二○涂果，裂果发生最少，裂果率仅 2.3%，比未处理的裂果率 24.6% 低 22.3%，比喷爱多收和九二○的裂果率 6.1%、7.7%，分别低 3.8% 和 5.4%。另外在 7 月旱期或久旱遇雨后及时喷用九二○，也能减少裂果发生（表 4），这可能与使用九二○等激素后，果皮组织发达，抗裂果能力增强有关。

表4 九二〇处理对柑橘裂果的影响

调查地点	树龄 (年)	品种品系	激素等使用时期和方法	裂果率 (%)
杨司乡双阳村	5	早熟温州蜜柑	5月喷50mg/kg 九二〇保果2次	7.7
	5	早熟温州蜜柑	5月用300~500mg/kg 九二〇涂1次	2.3
	5	早熟温州蜜柑	5月喷爱多收5 000倍 保果2次	6.1
	5	早熟温州蜜柑	未喷激素	24.6
加止镇星明村	6	中晚熟温州蜜柑	8月7日喷25mg/kg九二〇	0.8
	6	中晚熟温州蜜柑	未喷九二〇	4.3
山东乡群欢村	9	早熟温州蜜柑	8月14日喷40mg/kg九二〇 加0.3%~0.4%复合精	10.1
	9	早熟温州蜜柑	未喷九二〇及复合精	25.0
加止镇五九村	5	早熟温州蜜柑	5月用400mg/kg 九二〇涂2次	5.15
	5	早熟温州蜜柑	未用九二〇涂果	11.35
洪家镇前洪村	10	早熟温州蜜柑	7月15日喷30mg/kg 九二〇保果1次	8.8
	10	早熟温州蜜柑	未喷九二〇	27.4

2.5 施肥。在久旱遇雨后施肥，会对柑橘裂果产生明显影响，凡在8月久旱遇雨后及时进行地面追肥的橘树，裂果率大大高于未施肥的橘树。据山东乡群欢村徐美宝介绍，他家的150株6年生早熟温州蜜柑，其中70株橘树8月20日株施 KH_2PO_4 0.075kg，尿素0.2kg，人粪尿10kg，到9月12日调查，平均裂果率达29.9%，而同一片园区，因受天气和当时肥料的限制，没有进行施肥的80株橘树，裂果率仅14.8%，比施肥的裂果率低15.1%。另对其他几

个农户的调查也表明，凡8月上中旬进行地面追肥的，均会加剧柑橘裂果的发生，这可能是由于肥水供应充足，果肉发育进程加快，从而导致柑橘裂果发生率增加（表5）。

表5　地面施肥对柑橘裂果的影响

调查地点	树龄及品种	施肥时期、方法及用量	裂果率（%）
三甲镇七塘村	7年生早熟温州蜜柑	8月14日株浇施人粪尿30kg	31.1
		未施肥	11.8
洪家镇广洪村	6年生早熟温州蜜柑	8月14日株浇施人粪尿30kg	95.1
		未施肥	8.55
山东乡民辉村	11年生早熟温州蜜柑	8月13日株施尿素0.25kg，复合肥0.3kg，KH_2PO_4 0.1kg，KCl 0.15kg	40.1
	8年生早熟温州蜜柑	8月14日株施尿素0.15kg，复合肥0.2kg，KH_2PO_4 0.05kg，KCl 0.1kg	23.7
	6年生早熟温州蜜柑	8月14日株施尿素0.1kg，复合肥0.15kg，KCl 0.075kg	27.1
	6年生早熟温州蜜柑	未施肥	10.9
山东乡群欢村	6年生早熟温州蜜柑	8月20日株施KH_2PO_4 0.075kg，尿素0.2kg，人粪尿10kg	29.9
		未施肥	14.8

我们在调查中还发现，6—7月增施有机肥料和磷钾肥料，特别是增加钾肥用量的园块，裂果发生轻，而以增施氮肥为主、钾肥缺乏的橘园，裂果发生重，这和KOO（1963）发现低钾树上的裂果较多的报道是一致的。另外，7—8月树冠常喷0.2%~0.3%

KH_2PO_4 加 0. 3%~0. 4%的复合精，也对减少裂果发生有一定作用。

2. 6 砧木、树势、挂果量。不同的砧木，树势强弱和挂果量多少，裂果有差异。经多点调查，凡枸头橙砧木、树势强、挂果量多的，裂果发生重，反之，枳壳砧木、树势较弱、挂果量较少的，裂果发生轻。据对椒江农场二大队橘园的调查，枸头橙砧早熟温州蜜柑的裂果率比枳壳砧高 2%~5%。另对洪家镇街洪村黄奎丰橘园调查，砧木、树龄、品种、管理等都基本一致的橘园，凡株挂果量在 70 个以下的橘树，都未出现裂果，而株挂果量在 70~100 个的橘树，均出现各种不同程度的裂果。由此说明，挂果量多少也会影响裂果的发生。

3 预防柑橘裂果发生的对策

通过全面系统的柑橘裂果调查和原因分析，我们认为采取以下措施，能有效地防止或减轻柑橘裂果的发生。

3. 1 及时做好橘园的抗旱保湿，是减少柑橘裂果发生的一项重要措施。夏秋季节要加强橘园的肥水管理，发现干旱苗头，要及时组织抗旱。一般橘园都采用沟灌，对有条件的地方，可使用喷滴灌供水，增加空气相对湿度，每日喷 3~5 次，或进行浇灌，补充土壤水分，使土壤保持湿润疏松状态，尽量不用漫灌，旱季来临前要做好中耕松土，并用稻草、杂草等物覆盖树盘，减少土壤水分蒸发，提高土壤抗旱能力。

3. 2 增施有机肥料和提高用钾水平。橘园深翻压绿、增施腐熟猪牛栏肥等有机肥料，改善土壤结构，提高土壤的保肥保水性能，促进树体的健壮生长，增强抗逆性。同时在施肥种类上，提高磷、钾的施肥水平，尤其 7 月上旬施小暑肥时，适当增加钾肥的用量，提高树体的钾素水平，对促果膨大和果皮组织发达、减轻裂果发生有重要作用。但必须注意的是，在灾害性天气发生期间，为及时补充树体营养，减轻对树体的刺激和提高肥效，宜选择根外追肥较为合适，地面追肥一定要慎重，以防加剧对树体的损害。

3.3　根外追肥结合喷用激素。在久旱不雨或久旱遇雨后，及时喷30~40mg/kg 九二〇或 0.3%尿素+0.2%磷酸二氢钾+30mg/kg 九二〇或九二〇加复合精等叶面肥料，均能有效降低裂果发生率。

3.4　及时摘除裂果。当树上有裂果发生时，及时摘除裂果，可减轻裂果的继续发生。

3.5　环割。久旱遇雨后，及时对枝干进行伤皮不伤骨的环割，即在枝上环割 1/2 圈，调节树体内水分和养分的输送，也可使裂果发生显著减少。

海涂柑橘涝害调查及补救措施

陈林夏　李学斌

（浙江省台州市椒江区农业农村和水利局，台州　318000）

1　概况

椒江区受 1987 年第十二号台风外缘的影响，9 月 9—10 日两天降水量达 324.6mm（洪家国家气象基准站记录），仅 10 日 20—21 时降雨 82mm。暴雨后，栅浦闸水位高达 5.3m，岩头闸和华景闸分别为 4.7m 和 5.25m，海门港潮位上升到 5.78m。由于降水量大、潮位高，排水入海速度慢，使大片粮田、棉花、柑橘、蔬菜淹在水中，造成严重的损失。

全市 2 968.47hm² 柑橘，除山地栽培的以外，海涂和平原柑橘都遭淹没，受淹面积达 2 592.73hm²，占总面积的 87.34%，其中受淹 2 昼夜（48h）以上的有 1 526.27hm²。海涂栽培的 1 066.47hm² 柑橘，淹水时间更长，有的超 4 昼夜（100 个小时）。

受涝后的柑橘，出现死亡和严重落叶。据调查，山东乡 159.76hm² 海涂柑橘，目前已死亡的有 3 593 株，计 3.99hm²，占总面积的 2.5%。严重落叶的有 3 770 株，计 4.19hm²，占总面积的 2.6%。再如三甲区 274.95hm² 海涂柑橘，死亡的有 1 100 株，计 1.22hm²，占总面积的 0.44%（表 1，表 2）。其他各区、乡（镇）的柑橘，也有死亡和不同程度的落叶情况。

表1 山东乡柑橘涝害情况调查

村	调查株数	死树数（株）	占比（%）	严重落叶树（株）	占比（%）
王 家	17 500	532	3	347	2
沙 田	11 523	211	1.8	146	1.3
吴 叶	9 668	164	1.7	286	3
赞 扬	12 763	787	6.2	688	5.4
新 欢	9 740	291	3	344	3.5
民 欢	14 206	408	2.9	607	4.3
东 风	14 024	154	1.1	136	1
陶 王	8 284	81	1	25	0.3
东 欢	14 753	239	1.6	450	3.1
群 欢	12 863	395	3.1	155	1.2
岳 头	7 350	180	2.4	297	4
岩 头	9 921	148	1.5	299	3
百 果	1 190	3	0.3	—	—
合 计	143 785	3 593	2.5	3 780	2.6

表2 受涝柑橘死树情况调查

乡镇	调查株数	死树数（株）	占比（%）	构头橙砧（株）	枳壳砧（株）
沙北乡	32 688	199	0.61	164	35
三甲区	59 743	194	0.32	58	136
下陈镇	15 842	29	0.18	24	5
甲北乡	88 322	342	0.39	323	19
水陡乡	4 455	53	1.19	—	53
石柱乡	47 000	283	0.60	268	15
合 计	248 050	1 100	0.44	837	263

2 涝灾原因与分析

调查结果表明，受涝柑橘引起叶片枯萎、落叶落果，甚至死亡，与以下几个因素有关。

2.1 淹水时间。据山东乡的民辉、沙田、吴叶、岳头、群欢五村调查，凡植株在根颈以下淹水 2 昼夜（48h）以上的，都出现落叶落果，有的甚至死亡。淹水时间越长，落叶落果越严重，死树也越多。如民辉村 7 620 株 20 年生的温州蜜柑，其中淹水在 2 昼夜（48h）以上的有 2 460 株，死亡 18 株，占 0.73%，淹水在 3 昼夜（72h）以上的有 2 520 株，死亡 26 株，占 1.03%；淹水在 4 昼夜（96h）以上的有 2 640 株，死亡 300 株，占 11.36%。可以看出，死树百分率随淹水时间的增加而递增。说明淹水时间与柑橘树体损害程度有正相关的趋势（表 3）。

表 3 温州蜜柑淹水时间与涝灾的关系

村	调查数（株）	淹水时间	死树数（株）	死树率（%）
民辉	2 460	48h 以上	18	0.73
民辉	2 520	72h 以上	26	1.03
沙田	11 523	72h 以上	211	1.83
吴叶	9 668	72h 以上	164	1.70
民辉	2 640	96h 以上	300	11.36
岳头	7 350	96h 以上	180	2.45
群欢	12 863	96h 以上	395	3.07

2.2 施肥。涝前的不同施肥时间、施肥方法，对涝后橘树有不同程度的损害。

2.2.1 涝前 5d，以常规地面施肥的橘树，无明显受害反应。

2.2.2 涝前 5d 内施肥的，因施肥方法肥、料种类不同，出现不同程度的落叶落果，甚至死亡。山东乡民辉、群欢、赞扬三村的部分橘园涝前采用耙土施肥或穴施（粪肥加化肥）的都出现死株，例如调查78株涝前施肥的，涝后有62株死亡，占79.49%。粪肥加化肥兑水浇施的13株柑橘，涝后死亡3株，占23.08%，而涝前采用墩面撒施（复合肥、尿素、碳酸氢铵等）的125株柑橘，涝后无死株出现，仅有少量落叶落果（表4）。在同块橘园，涝前没有施肥的，涝后也没有出现死株。

表4　涝前施肥与涝灾的关系

调查户	调查（株）	施肥方法	用肥种类数量	死树（株）	死树率（%）
叶××	13	浇施	人粪尿30kg、尿素和复合肥各0.125kg	3	23.08
叶××	25	耙土施	人粪尿30kg、尿素0.35~0.4kg	21	84
陈××	13	耙土施	人粪尿30kg、尿素0.35~0.4kg	13	100
陈××	15	耙土施	人粪尿30kg、尿素0.35~0.4kg	10	66.67
叶××	17	耙土施	人粪尿30kg、尿素0.35~0.4kg	13	76.47
陈××	13	未施肥			
叶××	40	未施肥			
徐××	15	撒施	碳铵0.5~1kg，过磷酸钙0.5kg		
李××	8	穴施	尿素和复合肥各0.25kg	5	62.5
王××三户	110	撒施	尿素和复合肥各0.375kg		

注：调查的269株柑橘均在涝前5d内施肥，淹水时间均为96h。

涝前耙土施或穴施，施下的肥料可能由于当时天气干旱，土壤水分少，对根系有一定的损伤，使根系的吸水机能减弱，而树体地上部分的蒸腾作用仍在不断地进行，此时树体处于缺水状态。当根系还未及恢复时，又遇到长时间的淹水，根系处于缺氧状态，进行无氧呼吸，再加上土壤嫌气性微生物的作用，积累了有机酸和还原性有毒物质，造成橘根中毒、霉烂。最后以"肥害"加"水害"导致橘树死亡。至于采用墩面撒施的橘树，因肥料撒在土表，离柑橘根系分布距离较远，遇大雨，大部分肥料随水流失。

2.3 松土除草

涝前松土除草会加重涝害。如民辉村一农户承包的 17 株柑橘，涝前除草松土，涝后有 2 株死亡。涝前松土又结合施肥的，涝后死株更多。如调查 70 株涝前松土又施肥的橘树，涝后有 57 株死亡，死株率高达 81.43%。调查赞扬、新欢二村 7 916 株柑橘，其中涝前不松土除草（即生草）的 2 100 株，在淹水 2 昼夜以上（60h）的情况下，未出现严重落叶和死株；而松土除草的 5 810 株，却有 185 株死亡，死株率达 3.18%（表 5）。可见涝前松土除草，虽土壤空隙度增加，但遇涝后表土泥易成糊状板结，而深土层出现"水膨"，即土壤空隙长时间被水充满，使柑橘根系因"水害"死亡。

表 5 松土除草与涝灾的关系

调查村户	调查数（株）	淹水时间	施肥松土除草	死树数（株）	死树率（%）
叶××	25	96h	施肥结合松土	21	84
陈××	13	96h	施肥结合松土	13	100
陈××	15	96h	施肥结合松土	10	66.67
叶××	17	96h	施肥结合松土	13	76.47
陈××	17	96h	松土	2	11.76
叶××	30	96h	未松土		
赞 扬	1 000	60h	生草		
新 欢	1 100	60h	生草		
赞 扬	3 896	60h	未生草	77	1.98
新 欢	1 914	60h	未生草	108	5.64

2.4　砧木

不同砧木，对涝害的表现不一。如山东乡陶王、东欢、新欢、王家、群欢五村的 11 173 株温州蜜柑，其中枳壳砧 8 143 株，构头橙砧 3 030 株。受涝后，枳壳砧死 63 株，死株率 0.77%；构头橙砧死 294 株，死株率 9.7%。据三甲区 6 个乡（镇）调查统计，枳壳砧死株率为 0.1%，构头橙砧死株率 0.34%（表 6，表 2）。构头橙砧的死亡率高于枳壳砧，其原因有两个：①可能构头橙砧根系在土层中分布较深，枳壳砧根系在土层中分布较浅，因而受涝时间前者比后者相对的长；②可能枳壳砧较构头橙砧耐涝。

表 6　不同砧木种类与涝灾的关系

调查村	砧木种类	调查数（株）	死树数（株）	死树率（%）
陶王	枳壳	2 143	40	1.87
新欢	枳壳	5 000	15	0.30
群欢	枳壳	1 000	8	0.80
合计		8 143	63	0.77
东欢	构头橙	2 500	152	6.08
新欢	构头橙	380	62	16.32
王家	构头橙	150	80	53.33
合计		3 030	294	9.70

备注：①淹水时间均为 4 昼夜；②王家死树以 1~2 年生幼龄橘为主。

3　灾后补救

根据橘园实际的受涝和损害情况，采取相应的挽救措施。

3.1　排出积水。对受淹的橘园，应及时疏通沟渠，排出积水，尽量减轻对根系损害。另外对树冠受淹后有污物的，要及时清理和清洗，畦面有泥浆沉积的，也要用淡水冲淋。

3.2　覆土护根。园土冲失造成根系外露的，台风后要及时进行覆土，结合中耕疏松表土，改善土壤透气性，促进根系正常生长。

3.3　扶正树苗。对被洪水冲倒或折损的树体，要及时进行扶正护理，尤其打倒的幼树和苗木，要立支柱保护。

3.4　采取综合挽救措施。对淹水时间较长、根系霉烂、地上部叶片出现卷缩、幼果干瘪的橘树必须先疏剪部分枝叶，甚至大部分枝叶，摘除部分果实，减少水分蒸腾与养分消耗，同时进行根外追肥，喷施有机腐殖酸类等营养液，补充树体养分，并结合预防柑橘炭疽病等喷 25%溴菌清可湿性粉剂 600 倍液或 80%代森锰锌可湿性粉剂 600~800 倍液等预防病害。

柑橘冷害的发生与预防措施

李学斌[1]　何凤杰[2]　王允镔[3]

（1. 浙江省台州市椒江区农业农村和水利局，台州　318000；

2. 台州市农业技术推广中心，台州　318000；

3. 台州市黄岩区农业农村局，台州　318000）

随着柑橘完熟栽培技术的不断推广与应用，柑橘冷害的发生与为害，成为柑橘完熟栽培、实现丰产丰收的一个主要障碍。椒江区柑橘近 2~3 年相继遭到柑橘冷害的影响，给柑橘生产造成很大的损失，严重园块柑橘产量损失 1/3 以上，且冷害果不耐贮藏，腐烂损失更大。笔者通过近两年的观察调查，对柑橘冷害的发生与预防提出以下措施，供各地参考。

1　影响柑橘冷害发生的主要因素

1.1　气候。久晴遇雨，遭冷空气袭击，更易受害。据 2006 年、2007 年 10—12 月的天气情况分析，持续的晴热天气后，突遇连续的阴雨天气，即使极端低温在 0℃ 以上也很容易发生柑橘冷害。如 2006 年 10 月 1 日至 11 月 16 日均为持续的晴热天气，期间仅 10 月 23 日有降雨，11 月 17—26 日出现连续的阴雨天气，11 月 27 日起受冷空气影响，极端最低气温由雨期的 17℃ 降至 5.8℃，降幅在 10℃ 以上，11 月 28 日后柑橘果实就有冷害发生。2007 年 10 月 10 日至 11 月 16 日，也为持续的晴热天气，11 月 17—18 日，连续两天降雨 10.8mm，11 月 19 日后受冷空气影响，极端最低气温由雨前 16.6℃ 降至 8.5℃，柑橘果实也有冷害发生，降温幅度不及 2006

年大，同样柑橘冷害发生程度也比 2007 年轻，但当年早熟温州蜜柑受害比满头红重。

1.2 品种。早熟温州蜜柑、满头红、本地早等果皮较薄的品种易发生冷害，中、迟熟温州蜜柑等果皮较厚的柑橘品种发生较轻。

1.3 地形。一般沿海平原比山地发生重，山坡地橘园因冷空气不容易沉积，柑橘冷害发生轻，沿海平原因冷空气直接侵袭，降温剧烈，柑橘易发生冷害。

1.4 树势。管理水平高、树势强的橘园，柑橘冷害发生轻，反之，管理水平低、树势弱、旱情严重的橘园，冷害发生重。

2 柑橘冷害发生的症状

柑橘冷害，是指 0℃ 以上的低温对柑橘果实带来的伤害，在椒江区一般发生在 11 月中旬至 12 月上中旬，久旱遇雨，受冷空气影响，气温骤降，昼夜温差大，使一部分顶端果和迎北风面的果实，在清晨果面结露致伤，尤其靠近果蒂部位更害受伤。受害果在 3～5d 后，在果面形成褐色斑块或条纹或以果蒂为中心形成同心圆斑，表皮干缩，特别是日灼果受害更重。果实采后贮放，受害处的果皮变软腐烂，产生酒糟气味。轻微受害的果实，初期症状不明显，在采后贮放过程中，易发生腐烂，尤其本地早更为明显，早熟温州蜜柑也如此，树上症状不明显，采后贮放很易腐烂。

3 柑橘冷害的预防措施

3.1 加强栽培管理，增强树势，提高抗逆性，尤其做好抗旱灌水工作十分重要。

3.2 疏除顶花果和日灼果，顶花果和日灼果易遭冷害，尽早疏除，可减少损失。

3.3 根据天气预报，及时做好抢收工作。据 2006 年、2007 年柑橘冷害的受损情况，天气持续干旱，在冷空气来袭降雨前及时做好抢收工作，可避免冷害和采后的贮藏腐烂损失。

3.4　在低温季节或冷空气来临前，搭建大棚避雨设施或覆盖防虫网等，可大大减轻柑橘冷害造成的损失。

3.5　做好采后果实的药剂处理。完熟采收的柑橘果实，易遭柑橘冷害等因素的影响，不利柑橘贮藏保鲜，采前或采后及时用50%施保功可湿性粉剂1 500倍液（咪鲜胺）进行树冠喷雾或采后浸果处理，可延长鲜果的保存期，减少贮藏果实的腐烂损失。

少核本地早发生冷害的原因及防御对策

李学斌[1]　陈　聪[2]　王允镔[3]

(1. 浙江省台州市椒江区农业农村和水利局，台州　318000；

2. 台州市椒江区气象局，台州　318000；

3. 台州市黄岩区农业农村局，台州　318000)

少核本地早是椒江柑橘的主栽品种，2017 年遭遇异常天气等因素的影响，成熟期果实发生严重的冷害，严重园块果实受害率达到 90% 以上，这为历年来少见。根据灾后的调查分析，造成冷害发生的原因是多方面的，各地受害程度差异也很大，现将主要原因和影响因素概述如下，为今后各地做好柑橘冷害预防提供决策参考。

1　少核本地早冷害发生的原因浅析

通过现场调查和综合分析后认为，引起少核本地早果实冷害发生的原因，主要与柑橘果实迅速膨大期的气候条件有关，尤其 7—8 月高温干旱天气的持续，以及果实成熟期连阴雨和强冷空气的突袭，夏季干旱果实发育差，果个小、果皮薄，成熟期多阴雨，供水充足，果实饱满，果皮易遭遇低温和燥风的双重侵袭，使果皮细胞破裂，引发果皮局部水渍状溃烂，过 3~5d 果皮变褐、变软腐烂，最后导致烂果和落果，严重影响产量和品质。

1.1　气候条件。从 2017 年 7—8 月持续的高温干旱天气对少核本地早果实发育的影响，以及 11 月果实成熟期的异常天气，是造成少核本地早发生冷害的主要原因之一。据 2017 年椒江新佳果自动气象站气温、降水资料、台州气象站日照、蒸发资料分析，当年 7、8 两月平均气温（30.2℃）明显比常年偏高，高温日数（日最高气温≥35℃）多达 46d，其中 7 月 7—29 日连续 23d、8 月 3—21 日连续 19d 中，仅 7 月 17 日和 8 月 10 日未出现高温，尤其 7 月 18—27 日最高气温皆在 36℃ 及以上，平均最高气温达 38.5℃，平均每日日照时数 10.3h。7、8 两月雨量 67.7mm，而蒸发量达 265.0mm，是同期降水的 3.9 倍，而 7 月 6 日至 9 月 6 日连续 63d 基本上没有下过透雨，土壤、空气十分干燥，干燥度（干旱指数）4.4，达气象特大旱标准。温度高，树冠蒸腾作用强，树体供水出现严重失调，白天中午树冠叶片常表现萎蔫状态，同时由于干旱 7 月施的小暑肥，也因土壤缺水不能充分吸收利用，这给正处于迅速生长和需水较多时期的柑橘果实发育带来严重影响，树体供水不足时，叶片要优先夺走果实的水分来满足自己的蒸腾需要，除柑橘果实本身的发育需水不能满足外，果实固有的水分还被用来缓和叶片水分的亏缺，柑橘果实发育减缓，甚至出现停滞，同期果实果皮薄、果实大小也明显少于往年。据 RoRach（1953）证明，沙漠蒂甜橙在水分亏缺期间供给叶片的水分主要由果皮供给，因此缺水时对柑橘果实发育的影响，果皮大于果肉，也就是缺水时柑橘果皮发育的影响较果肉膨大明显。总体来说，7 月、8 月两月雨水欠缺，持续高温干旱，且随着 2017 年第 9 号台风"纳沙"和第 10 号台风"海棠"分别于 7 月 30 日 6 时、31 日 2 时在同一地点福建省福清市登陆，24h 之内接踵影响椒江，7 月末至 8 月上旬先后出现两次中雨。至 9 月，雨水虽仍少，但 9 月 9 日一场暴雨（71.3mm）彻底解除了前期的干旱。这几次降雨可谓久旱逢雨，同时在 7 月施下壮果逼梢肥发挥肥效的双重影响下，果实沙囊迅速吸水膨大并积累较多碳水化合物，促进柑橘果肉迅速发育膨大，对柑橘果皮产生很高的压力，当果皮不能承受果肉迅速膨大产生的膨压时，果皮就会破裂，即引发裂果。11 月进入果实成熟采摘期后，11 月 6 日至 12 月 1 日中仅 6d 无雨，雨日之多刷新历史同期纪录，雨量也较常年明显偏多。11 月中旬后期因受较强冷空气影响，48h 降温 7.4℃，下旬气温更是明显较常年偏低，11 月 27 日最低气温仅 4.8℃，连续两天昼夜温差皆在 16.0℃左右，温度的剧变直接导致部分果实发生冷害。

1.2　果实发育。从柑橘果皮的发育规律分析，一般 7 月底果皮就已长至最大厚度，进入 8 月以后果皮还要继续变薄。高温干旱天气的持续，就会影响柑橘果皮正常的发育增厚，使果皮变薄，果肉的生长也受抑制。据对椒江农场的多点采样考查结果，也证实当年柑橘因干旱果皮发育较差，果皮明显偏薄，当年少核本地早的果皮厚度仅为 0.19～0.21cm，较往年的 0.22～0.23cm 薄 0.02～0.03cm。果皮薄，雨水供应不均，尤其 7—8 月干旱，10—11 月雨水供应充足，遭遇强冷空气袭击更易发生冷害。

2　影响少核本地早冷害发生程度的几个因素

2.1　地域。不同地域种植的少核本地早，果实遭冷害程度的差异十分明显。山地种植的少核本地早，由于土壤保湿保水条件好，抗旱能力较强，果实冷害发生轻，而海涂种植的少核本地早土壤质地黏重，易受涝受旱，果实冷害发生重。据 12 月 5 日对不同地域种植的具有一定代表性的园块，选择树冠大小和长势相近的本地早砧少核本地早树果实冷害发生率调查，椒江水果场山地种植的少核本地早，果实冷害发生率在 20%～30%。而椒江农场海涂种植的少核本地早，果实冷害发生率在 60%～80%，冷害发生率相差在40%～50%。

2.2　砧木。在同一园块种植的少核本地早，不同砧木果实发生冷害的程度有很大差异。据对椒江农场两个种植点的调查，本地早砧少核本地早冷害最为严重，平均冷害发生率达 80%左右，最高的冷害发生率达 90%以上，而枸头橙砧少核本地早冷害发生较轻，果实发生率在 5%~15%，两者差异十分明显，这可能与本地早砧树势弱、结果多、果皮薄，而枸头橙砧长势强、果皮略厚有关。

2.3　设施。对位于椒江农场的新佳果少核本地早（本地早砧）园，砧木、树龄、管理、长势等基本一致的相邻两片果园，其中一片成熟期覆膜，另一片因客商预订未覆膜，两者造成的冷害差异非常明显，大棚覆膜实施避雨栽培的，树上很少看到有果实冷害，而露地栽培的果实冷害发生十分严重，平均果实冷害发生率在 70%~80%。

2.4　抗旱。对位于椒江农场 3 个不同园块的调查，同为枸头橙砧木的少核本地早，因抗旱条件的差异和次数，对果实冷害发生也存在明显差异，凡水源充足、7—9 月抗旱次数多的果园冷害发生轻，反之因水源受限、抗旱次数少或受旱严重的果园冷害发生重，果实冷害发生率两者相差在 5%以上。

3　预防少核本地早冷害发生的对策

　　通过全面系统的少核本地早冷害发生调查和原因分析，以及参照其他柑橘品种的一些做法，采取以下措施，能有效地防止或减轻少核本地早果实冷害的发生。

3.1　及时做好橘园的抗旱保湿，确保柑橘果实发育膨大期供水均衡，果实正常发育，以减轻柑橘果实冷害的发生。夏秋季节要加强橘园的肥水管理，发现干旱苗头，要及时组织抗旱，一般橘园都采用沟灌。对有条件的地方，可使用喷滴灌供水，增加空气相对湿度，每日喷 3~5 次，或进行浇灌，补充土壤水分，使土壤保持湿润疏松状态，尽量不用漫灌，旱季来临前要做好中耕松土，并用稻草、杂草等物覆盖树盘，减少土壤水分蒸发，提高土壤抗旱能力。

3.2　增施有机肥料和提高用钾水平。橘园深翻压绿、增施腐熟猪牛栏肥等有机肥料，改善土壤结构，提高土壤的保肥保水性能，促进树体的健壮生长，增强抗逆性。同时在施肥种类上，提高磷、钾的施肥水平，尤其7月下旬施壮果逼梢肥时，适当增加钾肥的用量，提高树体的钾素水平，对促果膨大和果皮组织发达，对减轻果实冷害发生也有重要作用。但必须注意的是，在灾害性天气发生期间，为及时补充树体营养，减轻对树体的刺激和提高肥效，宜选择根外追肥，地面追肥一定要慎重，以防加剧对树体的损害。

3.3 疏除顶花果和日灼果。顶花果和日灼果易遭冷害，尽早疏除，可减少损失。

3.4 根据天气预报，及时做好抢收工作。据历年柑橘冷害的受损情况分析，果实成熟采收期遭遇持续的干旱或多阴雨天气，在冷空气来袭降温前及时做好抢收工作，可避免冷害和采后的贮藏腐烂损失。

3.5 搭建大棚避雨。在低温季节或冷空气来临前，搭建大棚避雨设施或覆盖防虫网等，可大大减轻柑橘冷害造成的损失。

3.6 做好采后果实的药剂处理。完熟采收的柑橘果实，易遭柑橘冷害等因素的影响，不利柑橘贮藏保鲜，采后要尽快销售，对采后一时销不了的果实要及时用50%施保功可湿性粉剂1 500倍液（咪鲜胺）进行浸果处理，可延长鲜果的保存期和减少贮藏果实的腐烂损失。

椒江区果树雪害调查浅析

李学斌

（浙江省台州市椒江区农业农村和水利局，台州 318000）

由于受高空槽东移和强冷空气南下共同作用，2010 年 12 月 15 日起椒江区出现暴雪冰冻天气，48h 降温幅度达 12.7℃，16 日平均气温达-0.4℃，成为椒江区自 1966 年以来 12 月同期出现的最低日平均气温，15 日傍晚至 16 日 6 时 30 分，普降暴雪，雨雪量 28.2mm，16 日凌晨气温降至-4～-2℃，平均积雪深度 11cm，局部地区积雪高达 15～16cm，对椒江区的果树生产造成严重影响，全区 3 000hm² 果树，受灾面积达到 800hm²，其中以柑橘和葡萄两大果树受灾较重，预计造成的经济损失在 800 万元以上，现将这次雪灾对果树的影响和灾后的补救措施介绍如下。

1 影响果树雪害程度的因素

1.1 不同棚架（网室）类型，果树受损程度有差异。这次雪害对果树生产的影响，主要以大棚栽培的受灾较重，如大棚葡萄和大棚柑橘受损较为严重，大棚葡萄指已盖上薄膜的葡萄园，因棚顶积雪，压坏棚架和枝蔓，造成棚架坍塌，尤其竹架连栋大棚受损严重，平均每亩损失超 2 000 元。而未盖膜的葡萄园或钢架连栋大棚或单栋薄膜大棚基本没影响。网室钢架大棚受损也较轻，仅顶部和四周的防虫网破损，骨架基本完好。而对连栋毛竹大棚，连栋棚面积越大，雪后受灾损失越大，尤其未经设计和规范建造的连栋大棚受损严重，而通过设计和规范建造的连栋大棚受损较轻。

1.2 不同的果树品种，果实受冻程度有差异。雪灾对各种果树正常的生长发育和成熟采收均带来一定的影响，尤其对处于坐果期的枇杷和成熟采收期的柑橘影响最为明显。据初步调查统计，受 12 月 15—16 日的降雪和低温影响，枇杷幼果的受冻率在 20%～30%，而尚未采收的柑橘成熟果实，露地栽培的全部受冻，大棚栽培的果实受冻程度不一，受冻程度与棚架结构和管理有关。受冻果实从外观看，果皮受冻症状不甚明显，仅个别果实在果蒂处有冻熟症状，但剥开果实，发现果肉部分均有冻熟现象，只不过冻熟程度有差异，且冻后 1～2d 症状不明显，但随着时间的推移，受冻症状更为清晰，如不及时采摘销售，继续留树贮藏，果实腐烂，就会造成更大的经济损失，及时采摘销售，可减少损失。受冻果实从品种来看，不同柑橘品种，成熟果实受冻程度也有差异，甜橙类和葡萄柚类果实，因果皮紧实，较椪柑、温州蜜橘等宽皮柑橘类果实受冻轻。

1.3 不同柑橘品种品系，树体受冻程度有差异。据初步观察，这次雪灾对柑橘树体的影响，造成部分梢叶焦枯，引发部分落叶，以满头红和葡萄柚类受冻较重，其他依次为脐橙、文旦、早熟温州蜜柑，少核本地早和中、晚熟温州蜜柑表现较强的耐寒性，基本未受影响。

1.4 不同树龄的果树，受害程度也有差异。幼龄树怕雪不耐冻，易受灾，成年树受雪灾影响相对较少。这次雪灾对幼龄未结果枇杷树和高山未成林杨梅树影响较大。枇杷由于叶大易积雪，再加上幼树根系浅，受雪压影响，易造成树冠和根系松动而发生倾斜或倒伏，幼龄未结果枇杷树倾斜或倒伏率达 10%以上。高山幼龄杨梅树，主要是低温造成部分枝干冻裂，影响树势。幼龄柑橘树，未抽晚秋梢的零星受冻，而抽发晚秋梢的受冻较为严重。

1.5 不同的栽培管理水平，受冻程度有差异。对生产管理水平高，树势强，棚架结构完整，下雪期间又及时排出积雪的受损

（冻）轻；反之，管理粗放，又是简易棚架，抗雪防冻措施不力的受冻重，损失大。

2　雪灾后的补救措施

2.1　清除树冠积雪。雪后及时发动广大果农清除树上积雪，防止因积雪压裂、压断枝条。对树冠积雪不多的，可采取摇树清除，而对树冠积雪较多、较厚的，要用细竹竿轻拍枝干除雪，同时要防止除雪不当和融雪降温等对果树枝叶产生的伤害。

2.2　扶正倾斜树冠。对因积雪造成树冠倾斜和根系松动的，雪后及时做好扶正树冠、压实土壤和培土等工作，以促进根系恢复。

2.3　修整破损枝叶。对因雪压引起果树枝杈的断裂，要及时将撕裂未断的枝干扶回原生长部位，用绳子或竹竿绑护固定或加塑料膜包扎，设法使其恢复生长；对于完全折断的枝干，应及早锯平伤口，并涂以接蜡等保护剂；对严重受损的枝条、叶片和果实要及时剪除，以减少水分蒸发和养分消耗，防止枯枝死树。

2.4　补充树体营养。对受冻常绿果树应在气温回升后，选择晴朗天气的 9—15 时树冠喷 0.3% 尿素加磷酸二氢钾或绿美等有机腐殖酸类营养液，每隔 7d 喷 1 次，连喷 2~3 次，补充树体营养，促进树势恢复。

2.5　及时预防病害。对受冻常绿果树，伤口多，易诱发各种病害发生，灾后可结合根外追肥，树冠喷 78% 科博可湿性粉剂 600~800 倍液等杀菌剂进行预防各种病害。

3　几点建议

对果树大棚栽培，由于其地处沿海，灾害性天气频繁发生，普通大棚抗灾能力弱，应尽量选用钢架大棚，并邀请有资质的大棚设计施工单位建造。

大棚葡萄栽培，根据当地的气象条件，不宜在 12 月实施封膜搭棚，为保证休眠和促发新梢，宜在翌年 1 月中旬以后封膜。另外对柑橘等常绿果树，为提高抗寒性和抗雪防冻，要强化管理，严格控制晚秋梢的发生。

下雪期间，大棚栽培果树，根据各种果树的生长特点和所处的时期，酌情清除棚顶积雪或积雪前揭膜，可大大减轻雪灾的损失。

对竹架大棚葡萄，封膜前要做好棚架的整修和加固，提高抗灾能力。对新建的连栋大棚，每栋大棚面积应控制在 0.67hm² 左右，南北朝向，有利抗灾和提高效益。

根据气象预报，在雪灾和低温冻害来临前，要及时采收成熟柑橘，确需延期采收的大棚柑橘，要采取棚内木炭加温等措施，防冻保暖。

低温冰冻对椒江果树的
影响与防御对策

李学斌[1]　王林云[2]　何风杰[2]

（1. 浙江省台州市椒江区农业农村和水利局，台州　318000；

2. 台州市农业技术推广中心，台州　318000）

　　台州市椒江区自 2016 年 1 月 20 日开始受北方大规模强冷空气南下影响，21 日凌晨沿海出现大风，23 日强冷空气主力南下，气温急剧下降持续至 26 日，连续 4d 最低气温皆在 0℃ 以下，出现明显冰冻，25 日早晨最低气温在 -5.2℃，为 2001 年以来的最低值，椒江区最低气温出现在椒江农场新佳果自动站，为 -8.7℃，低温伴随着大风天气，给椒江果树生产带来严重影响，全区近 3 333.3hm² 果树，受灾面积达到 263.3hm²，其中成灾面积为 172.7hm²，以枇杷、柑橘、葡萄等果树受灾最为严重，预计造成的经济损失达 1 910 万元，现将这次灾害性天气对椒江果树生产的影响和防御对策总结如下。

1　低温冰冻天气对果树生产的影响

　　椒江遭遇的这次强冷空气，强度之大，为十多年来罕见的，过程最低气温为 -8.7~-4.3℃，24—26 日的沿海平原风力在 8 级以上，给椒江果树生产造成灾害性的影响。

1.1　棚架（棚膜）损坏。据初步统计，全区大棚果树超过 400hm²，棚架和棚膜损坏的面积高达 20hm²，占总面积的 5% 左右，主要是竹木棚架被大风刮倒，棚膜吹破被揭，造成部分棚架坍塌，而钢架结构的基本没有损坏。

1.2 幼果受冻。全区近 133.3hm² 枇杷，不管红肉品种还是白肉品种，幼果全部受冻，可以说颗粒无收。

1.3 嫩梢（嫩枝）受冻。主要是大棚葡萄和火龙果，对棚架破损的，没有双膜覆盖栽培，也没有采取加温措施的受冻最为严重，全区有近 13.3hm² 多严重受灾，大棚葡萄新抽发的嫩梢 50% 以上受冻，大棚栽培的火龙果，主要指单膜或棚膜被揭的，嫩枝有 40% 以上被冻熟变色。

1.4 叶片刮落。主要是柑橘，尤其位于风口处的柑橘园，受灾刮落叶片现象最为普遍，落叶率高达 50%~60%，尤其柚类、杂柑类等叶片较大的柑橘品种，落叶更为严重。

1.5 叶片受冻。主要是柑橘，以红美人、葡萄柚、文旦、满头红、脐橙等柑橘品种受冻最严重，叶片出现大量卷曲、脱落，引发的落叶率在 30% 以上，尤以完熟栽培的满头红受冻最为严重，叶片出现大量焦枯，可能与棚内供水不均有关。其次是少核本地早，受冻落叶率在 10% 左右，再是温州蜜柑、椪柑等受冻较轻，基本没有影响。

1.6 果实受冻。主要是柑橘，位于椒江黄岙山留树越冬的早熟温州蜜柑，不管是露地的，还是单栋大棚完熟栽培的温州蜜柑，绝大部分果实受冻，果实变味、腐烂和脱落，完全失去食用价值。

2 影响果树低温冰冻受害程度的几个因素

2.1 不同棚架栽培类型，果树受害程度有差异。这次低温冰冻对设施果树生产的影响，主要以大棚栽培的葡萄和火龙果受灾最重，造成的经济损失也最大。从受灾情况调查来看，大棚葡萄和火龙果，双膜覆盖栽培的影响很少，尤其在低温来临前再有竹炭加温的，几乎没有影响。而单膜棚架栽培的葡萄，已抽发的嫩梢受冻率在 30% 以上，单膜棚架栽培的火龙果，枝干受冻也较严重，但单膜用竹炭加温的受冻就轻很多。钢架连栋大棚栽培的果树，由于棚架密封稳固，受冻程度也较竹木棚架栽培的轻。

2.2　不同果树品种、品系，受冻程度有差异。低温冰冻天气对不同的果树品种、品系，造成的损害差异也很大，尤对处于开花坐果期的枇杷受害最重，幼果几乎全部受冻，往年都是果核先受冻变褐的，果肉正常，果面茸毛萎蔫，而这次低温冰冻部分幼果就直接受冻变褐，这为历年来罕见的。其次是柑橘，以高山和沿海的受冻较重，山脚地和平原柑橘几乎没有影响，差异十分明显。在不同柑橘品种、品系中，以红美人、葡萄柚、脐橙以及大分等受冻较重，其次是满头红、少核本地早，早熟宫川、兴津、山下红和中晚熟温州蜜柑受冻较轻。

2.3　不同地域种植的果树，受冻程度有差异。由于低温又伴随着大风天气，对不同地域种植的果树造成的损害程度也有很大差异。据调查，这次灾害性天气以山地栽培的果树受灾最严重，除杨梅外，枇杷、柑橘、蓝莓等果树均遭不同程度的冻害。其次是沿海柑橘受冻也较严重，而平原栽培的柑橘几乎没有影响，与历次强冷空气相比，造成的灾害损失存在明显差异，往年强冷空气袭击，因受冷空气易沉积的影响，山脚地果树受冻最重，其次是平原，再是沿海，而山坡地受冻是最轻的。而这次强冷空气伴随大风长驱直入不能沉积，地域间受灾差异明显缩小，尤其平原柑橘由于前一时期雨水充足，土壤湿度高，树体抗冻能力强，影响非常小。

2.4　不同栽培管理水平，受冻程度有差异。对生产管理水平高，树势强，尤其上年结果少的树，受冻轻，而上年挂果多，树势弱，尤其对红美人、大分、葡萄柚、满头红等坐果率高的品种，受冻十分严重，另外对于柑橘高接换种树，由于抽梢次数多，停梢较晚，受冻也很严重。

2.5　不同防冻设施，受冻程度有差异。在低温冰冻天气来临，防御措施对冻害的影响也十分明显，以设施枇杷、葡萄、火龙果等果树为例，实施加膜增温的，如将单膜覆盖改为双膜覆盖栽培，或双膜覆盖用竹炭或煤球炉加温的，使棚内温度保持0℃以上，这次受冻影响都很轻微，而单膜的受冻就十分严重。露地栽培的柑橘用遮阳网覆盖全树的防冻效果也十分明显，尤其山地栽培的葡萄柚，遮阳网覆盖后几乎没受冻，而未覆盖的受冻十分严重，枝叶凋萎、焦枯。同时不同覆盖物，防冻效果也有差异，遮阳网覆盖的防冻效果明显优于薄膜覆盖。另外，这次的低温冰冻天气，对枇杷幼果的冻前套袋，对防冻几乎没有效果，可能与这次低温持续时间太长、温度低有关。

3 果树低温冰冻天气的防御措施

3.1 整修加固棚架，提高抗风能力。强冷空气袭击，大棚栽培的果树常受影响，主要是大风吹翻棚膜或导致棚架坍塌，棚架损坏后引发棚内果树受冻，因此在冰冻低温天气来临前，及时对棚架进行一次全面整修和加固，提高抗风力，重点对棚架天沟和棚膜交接处等做好密封工作，以提高大棚的保温性和牢固度。

3.2 双膜（多层膜）栽培，提高棚内温度。对大棚栽培的果树，采用双膜（多层膜）覆盖栽培，对提高棚内温度效果十分明显，如大棚葡萄、火龙果等在棚内四周再覆盖上一层薄膜，实施双膜覆盖栽培，既保湿又能增温，防冻效果非常明显。

3.3 竹炭（煤球）加温，提高棚室温度。根据气象预报，在遭遇极端低温低于0℃，可在凌晨时在棚内点燃竹炭或木炭进行加温，或上半夜在棚内用煤饼炉加温，但一定要注意使用安全。

3.4 加强栽培管理和设施管护，提高抗灾害能力。主要是加强日常管理，做好肥水管理和病虫防治，增强树势，提高抗逆性，以及强化生产设施的管护，提高抗灾能力。

3.5 遮阳网包裹覆盖，提高抗冻力。对露地栽培易受冻水果或苗木，采用遮阳网进行全树包裹或顶部覆盖，对提高果树和苗木的抗冻力也有重要作用。

3.6　电力加温，提高果园温度。对生产设施好的果园，尤其配电设施齐备的，可用暖风扇、白炽灯等进行加温，抵御寒潮侵袭，也有重要作用，但一定要注意安全用电。

灾害性天气对椒江水果的
影响及防御对策

李学斌[1] 陈　聪[2] 李伟星[3]

(1. 浙江省台州市椒江区农业农村和水利局，台州　318000；

2. 台州市椒江区气象局，台州　318000；

3. 台州市椒江绿清环境发展有限公司，台州　318000)

浙江省台州市椒江区地处浙江中部沿海，属亚热带季风气候，水果资源丰富，地貌类型多样，依山傍海，有平原、海涂、山区、海洋、岛屿，地形复杂，气候也相对多变，灾害性天气频发，给椒江水果业的发展和安全优质生产带来很大影响，尤其常年发生的台风，对椒江水果生产影响很大，其中设施栽培水果因棚架毁坏而造成的损失更大。如 2019 年利奇马台风使椒江 1 620hm^2 水果受灾，经济损失达 7 200 多万元。根据多年来的防灾抗灾经验，结合椒江灾害性天气的发生特点，提出水果灾害性天气的防御措施，为各地做好水果灾害性天气的应对提供决策参考。

1　影响椒江水果的主要灾害性天气

对椒江水果影响的灾害性天气，主要有台风、干旱和暴雨，其次是低温、连阴雨和寒潮，以及局地的冰雹、龙卷风和雷暴等灾害。这些灾害具有明显的季节性、区域性和并发性，如台风主要发生在夏、秋季，且容易引发暴雨、洪涝和病虫流行，而给水果生产造成毁灭性的打击。

1.1　台风洪涝。台风是椒江最主要的灾害性天气之一，对水果当年的优质丰收和翌年的生长结果均会带来严重影响。台风在椒江常年都有发生，只不过不同年份发生频次和受害程度不同而已，台风登陆或受台风严重影响时，常伴随狂风暴雨和风暴潮，尤其风暴潮和天文潮相叠加，易导致海塘冲垮、海水倒灌，良田淹没、房屋倒塌，水利设施等严重损毁。主要发生在 7—9 月，此时段台风影响频数占全年的 82.5%，其中 8 月发生频率最高，占 37.0%，9 月为 25.3%，7 月为 20.1%。对水果生产造成影响的主要两个敏感时段：7 月下旬至 8 月上旬和 9 月上旬至 10 月中旬，前一时段主要影响水果产量，后一时段主要影响水果品质，主要体现在以下 3 个方面：一是强风损坏设施，主要对设施葡萄和火龙果的影响较大，棚膜被掀，棚架扭曲变形，甚至倒伏，棚内水果也随着受灾，甚至绝收。二是狂风暴雨，轻则造成柑橘、葡萄、枇杷、杨梅、桃等水果的枝、叶、果、蔓破损，引发落叶落果和病虫害发生流行，重则造成树体倾斜，甚至倒伏死亡，如 2004 年"云娜"台风使椒江 2 666.7hm² 水果严重受灾，尤其枇杷和杨梅惨不忍睹，大片果园被毁，当年造成的直接经济损失达 5 600多万元。三是短期内强降雨，沿河和沿江低洼果园，长时间积水，引发涝灾，严重影响果树正常的生长发育，造成裂果、落果和烂果，甚至导致树体死亡。

1.2　高温干旱。近几年来发生有加重趋势。一年四季均有发生，以夏旱发生概率较高，在梅汛期结束后，常有不同程度的夏旱，发生概率为 61.8%，且往往与高温相伴，其次是夏秋连旱，对水果的影响最为严重，台州夏秋连旱发生概率为 52.7%，持续干旱会使柑橘和晚熟桃的果实发育迟缓，引发日灼果和裂果，造成水果严重减产降质减收。秋旱比夏旱发生概率略少，占 52.7%，另外冬旱发生概率不大，但对枇杷的开花坐果和柑橘的抗寒防冻影响很大，主要是影响枇杷的授粉受精和降低柑橘树的抗冻性，总之干旱发生十分频繁，对水果生产影响十分严重。如 2013 年 7—8 月椒江持续 51d 的高温干旱天气，全区 3 133hm² 水果，其中 2 000hm² 受灾，达到严重受灾的有 1 533hm²，造成的直接经济损失达 3 600 万元。

1.3 低温大雪。主要有春秋季低温、晚霜冻和寒潮大雪。受强冷空气侵袭带来的强降温，给椒江柑橘、枇杷、大棚葡萄等水果造成严重的影响，主要是柑橘冻害和果实成熟期的冷害，以及枇杷幼果发育期和葡萄新梢抽发期的冻害等，均会对当年的增产丰收构成严重威胁。同时暴雪对设施大棚也会造成严重破坏，因雪负载过大而压塌大棚，甚至冻死作物等。如 2010 年 12 月 15 日的大雪，给椒江区的大棚葡萄和完熟栽培柑橘造成严重的影响，棚架被压垮，棚内枝蔓压坏，柑橘果实受冻，受灾面积 800hm²，造成的经济损失达 1 800 多万元。

1.4 冰雹大风。冰雹大风是冰雹、雷电大风、龙卷风等数种在大气处于不稳定条件下产生的剧烈天气同时出现的一种局地性强、突发性明显的气象灾害。几乎每年都有发生，只不过受害程度不同而已，3—8 月降雹概率占 85%，其中 3、4 两月冷暖空气交汇频繁，为降雹最多时段，频次占总数 53%。冰雹大多发生在中午到傍晚，发生时间短、预测难度大、影响范围广、对水果生产破坏性强。如椒江区 2014 年 3 月 19 日的冰雹袭击，给枇杷、桃、杨梅、大棚葡萄等水果造成严重的损失，主要是打烂树叶、击伤花果、损伤枝干，引发病虫流行，造成严重减产降质，部分枇杷园绝收，当年的经济损失达 1 200 万元。

2 水果抗灾防灾上存在的问题

由于灾害性天气具有突发性、区域性和不可预见性，会给水果生产造成很大的破坏性。从多年水果抗灾防灾工作来看，在防范灾害性天气方面还存在不少的问题。一是思想上不够重视，存在麻痹大意和侥幸心理。由于灾害性天气的频繁发生，防御意识淡薄，在众多灾害性天气中，除正面袭击强台风比较重视、积极应对外，其他灾害性天气比较轻视，防御措施也不到位，尤其干旱等隐性损失比较大的灾害性天气，常因疏忽防御而造成严重损失。二是设施上不够完善，防灾和抗灾能力比较薄弱。主要是沟渠堵塞、排水不畅，滴灌设施普及率低、果园抗旱成本高，大型果园没有配套的防护林、抵御台风差，混架大棚果园配置简单、抵御台风能力弱。三是防御上不够有力，抗灾成效有限。面对一些大的灾害性天气，限于现有的条件和技术防御手段，发挥的效果十分有限，如防风抗旱技术和灾后补救措施等尚需进一步研究突破。

3 对做好水果抗灾防灾防御的几点建议

水果抗灾防灾是一项复杂的系统工程，应当坚持"以防为主，防抗结合，综合治理"的防灾减灾方针，变被动抗灾为主动应对，变单一部门为多部门联动，力争把灾害造成的损失降到最低限度。根据多年来的抗灾防灾成效和存在问题，特提出以下几点建议。

3.1 强化防灾抗灾意识，着力提高综合防范能力。普及推广防灾减灾知识，提高广大果农防灾减灾意识和应急避险能力，通过新闻媒体、农民信箱及微信群等传播媒介，宣传灾害性天气带来的危害和防御知识，提升基层农技干部和广大果农的应急能力，果园防灾减灾牵涉面广，离不开气象、水利和电力等相关部门的配合和支持，全面增强预防避险和互救自救意识，切实提高综合防范能力，力争把灾害造成的损失降到最低。

3.2 强化园地基础设施，着力提高抗灾防灾能力。根据椒江水果产业的发展重点和一些抗灾设施建设的薄弱环节，各级政府要出台各项政策措施，强化园地生态防护林营造，推进小型水库和蓄水池建设，加快水果生产设施的升级改造和节水灌溉设施的普及推广等工作，全面推进果园基础设施的改造步伐，不断更新水果生产设施和装备，着力提高水果生产的抗灾水平，不断增强抵御自然灾害的能力。

3.3 强化财政救灾补助，着力提高灾后恢复能力。洪涝、台风和干旱等自然灾害频发，对水果生产造成很大负面影响，尤其是水果专业合作组织和种植大户，因其规模经营，一旦受灾，往往损失惨重，因灾致贫，甚至倾家荡产的事例常有发生。通过设立一定规模的农业救灾专项基金和农用柴油、化肥、农药、薄膜等应急生产资料的补助政策，为增强救灾能力，加快果园的灾后自救和尽快恢复生产提供保障。

3.4 强化水果政策保险，着力提高灾后生存能力。通过政府政策性支持，保险公司市场化运作，果农自愿参与，把农业保险作为准公共产品，实行财政补贴、以险养险、政策指导。椒江水果目前仅限于柑橘果和大棚葡萄的政策性保险，但保险覆盖率低、理赔率低，严重影响果农的参保积极性和农业保险业的发展，建议各级政府和有关部门要整合各项惠农、支农、强农资金，提高水果保险财政补助力度，扩大水果保险品种，提高保险理赔标准，以调动广大果农的参保积极性，推动水果产业稳定健康发展，提升灾后水果生存能力。

3.5 强化抗灾救灾技术，着力提高灾害抵御能力。做好抗灾救灾，对抵御灾害、减轻损失有重要作用，针对不同的灾害性天气，主要防御技术措施有：一是抗台防涝，台风前做好园地疏通沟渠、生草覆盖、立防风柱和加固设施大棚等工作，增强抵御台风能力。灾后排出积水、扶正树体、覆土护根、清理伤枝破叶、防治病虫害和根外追肥，促进树体恢复，增强抗逆性。二是抗旱防旱，重点做好树盘覆草、生草覆盖和安装滴灌设施等抗旱措施，切实提高抗旱能力。三是抗寒防冻，主要是做好铺草覆盖、熏烟、薄膜覆盖、防治病虫害和喷有机腐殖酸类营养液等。

第四篇
综合防控篇

调整柑橘病虫害防治技术策略

李学斌[1]　　王允镔[2]

（1. 浙江省台州市椒江区农业农村和水利局，台州　318000；
2. 台州市黄岩区农业农村局，台州　318000）

柑橘病虫防治是柑橘优质果栽培的一项重要内容。由于受气候和环境条件的变化，柑橘病虫种群结构的演变，常规药剂抗药性的产生，以及优质果生产对柑橘病虫防治技术要求的提高，调整柑橘病虫防治技术，确保柑橘病虫防治的有效性、合理性和经济性，已成为当前柑橘病虫防治技术探讨的一项重要课题，笔者历经多年的观察调查和生产实践，提出柑橘病虫防治技术以下几点调整意见，供各地参考。

1　调整防治时期

柑橘疮痂病为柑橘上的一种重要病害，为害幼果，会引发落果和影响果实品质，一般都要求春芽长一粒米和花谢 2/3 时进行防治，但经多年的生产观察调查，结果树在柑橘春芽长一粒米的防治，对幼果期柑橘疮痂病的发生为害没有直接影响，可防可不防。而在多雨年份，幼果期间的疮痂病为害幼果十分严重，不能不防，因此柑橘疮痂病的防治时间，可由传统的芽长一粒米和花谢 2/3 调整为花谢 2/3 和幼果期进行防治，在多雨年份，幼果期需连防两次以上，同时对柑橘黑点病、炭疽病等的发生为害也有很好的效果。

2 调整防治次数

一般柑橘病虫年防治次数均在 9 次以上或者更多。实行综合防治和科学用药，可将年防治次数减至 6~7 次，即芽前、春梢期、花谢 2/3、幼果期、果实膨大期、果实成熟前期和采后等各一次，只要选用相应药剂，完全能控制主要病虫害的发生。

3 调整防治药剂

柑橘病虫害的防治药剂种类多、差异大，尤其混配农药品种繁多，给使用者造成很大的混乱；再加上一些农药频繁使用，抗药性不断增强，新的替代药剂一时难以开发推出，对柑橘病虫害综合防治带来很大困难，笔者结合多年来的生产实践，遵循"安全高效、低毒低残留、节本增效"的原则，提出主要病虫害的用药建议。

3.1 柑橘疮痂病。改铜制剂为以代森锰锌（喷克、大生）为主，溴菌清（炭特灵）、百菌清等为辅，治疗可选用霉能灵（酰胺唑）。

3.2 柑橘蚜虫。改灭多威（万灵）、好年冬、菊酯类等为啶虫脒（农不老）、噻虫嗪和吡虫啉（达克隆）等；对已产生抗药性的柑橘蚜虫，要选用吡虫啉或噻虫嗪与菊酯类农药复配的品种进行防治。

3.3 柑橘红蜘蛛、锈壁虱。由于对尼索朗、三唑锡、速螨酮等常用药剂产生抗药性，连续使用防效差、防治次数多，且在发生高峰期难以控制。据台州市多年来的生产实践，冬、春季柑橘红蜘蛛发生期，宜选用速螨酮+阿维菌素或噻螨酮（尼索朗）或四螨嗪（阿波罗）等进行防治。夏秋季以选用托尔克（进口苯丁锡）或克螨特（丙炔螨特）或双甲脒等为主，轻发时单用，发生量大时混配速螨酮，效果更佳，但不宜连续多次使用，尤其托尔克年使用次数应控制在 1~2 次。国产托尔克效果较差。夏秋季在脐橙上喷施托尔克，果实上易形成"花果"，应慎用。

3.4　柑橘蚧类、黑刺粉虱、卷叶蛾。改常用的马拉硫磷、水胺硫磷、稻丰散为毒死蜱（乐斯本）+机油乳剂或吡虫啉或噻嗪酮，也可选氟啶虫胺腈等持效期长、效果更佳的药剂。

3.5　柑橘潜叶蛾。改传统的杀虫双或菊酯类农药为阿维菌素+吡虫啉或灭蝇胺+吡虫啉等药剂，重发年份选用阿维菌素+灭蝇胺进行防治效果较好。

3.6　吸果夜蛾类。改常用的糖醋诱蛾和黑光灯诱杀为采前3周喷氟氯氰菊酯（百树得）进行防治，或频振式杀虫灯进行诱杀。

3.7　柑橘炭疽病、黑点病。改铜制剂、多菌灵、硫菌灵等为代森锰锌（喷克）或溴菌清（炭特灵）、咪鲜胺（施保功）等进行防治。

4　调整柑橘病虫害的防治策略

一是改枝叶病虫防治为果实病虫防治为主，如蚧类、螨类、疮痂病、黑点病等。二是改一病一虫一防为多种病虫联合防治，尽可能减少病虫防治次数，如谢花后，幼果期可采取一次用药，选用多种农药，同时兼治多种病虫。三是改化学防治为综合防治，例如，做好开沟排水，增施有机肥料，剪除病虫枝、枯枝等，对控制病害发生也有一定的效果。园地种植藿香蓟和释放捕食螨等措施也能有效减轻螨类为害。夜蛾类防治用灯光诱杀也十分有效。

柑橘病虫优化防治试验总结

柑橘病虫优化防治是柑橘省力化栽培的一项重要技术措施，是降低柑橘生产成本、提高经济效益的重要途径之一。在临海市柑橘省力化栽培课题组的指导下，于 1996 年进行了柑橘病虫优化防治试验。现将试验结果报告如下。

1 试验材料与方法

1.1 材料。本试验设在临海市白水洋镇双楼村，品种为 12 年生枳砧普通温州蜜柑，树势中等，生长基本一致，立地条件为溪滩地、沙壤土。

1.2 试验设计。试验设优化防治（全年 9 次）与常规防治（全年 13 次）2 个处理（表 1）。每个小区面积 166.7m²，每年处理 3 次重复，随机区组设计，另设 3 株不喷药为对照。

表 1 柑橘病虫优化防治与常规防治处理设计

序号	喷药时间	防治对象		药剂及其使用方法
		土治	兼治	
优化处理				
1	3月9日	螨、蚧	地衣苔藓	20%融杀蚧螨粉剂 80 倍液

（续表）

序号	喷药时间	防治对象		药剂及其使用方法
		主治	兼治	
2	4月11日	疮痂病	红蜘蛛	0.8%波尔多液加20%螨死净1 500倍液
3	5月6日	蚜虫	凤蝶幼虫	10%蚍虫灵5 000倍液加灭扫利3 000倍液
4	5月20日	疮痂病	蚜虫	77%可杀得600倍液加10%蚍虫灵5 000倍液
5	6月4日	蚧粉虱 卷叶蛾	螨虫 疮痂病	40%速扑杀1 500倍液加15%螨虫净2 000倍液加代森锰锌800倍液
6	7月23日	粉虱 蚧类	锈螨 黑点病	40%速扑杀1 500倍液加50%克螨锡3 000倍液
7	8月6日	潜叶蛾	炭疽病	20%好年冬2 000倍液加10%克螨锡1 000倍液加百树得2 000倍液
8	9月6日	蚧类 螨类	粉虱 夜蛾	35%快克800倍液加10%克螨锡1 000倍液加百树得2 000倍液
9	10月16日	螨类	炭疽病	15%扫螨净2 500倍液加70%硫菌灵1 500倍液

常规处理

序号	喷药时间	主治	兼治	药剂及其使用方法
1	3月9日	螨、蚧	地衣 苔藓	10倍松碱合剂
2	4月11日	疮痂病	红蜘蛛	77%可杀得600倍液加尼索朗2 000倍液
3	4月29日	花蕾蛆		10%呋喃丹1kg/亩撒施
4	5月6日	蚜虫	花蕾蛆	40%氧化乐果800倍液加好年冬2 000倍液
5	5月20日	疮痂病		0.8%波尔多液
6	6月4日	蚧类 粉虱	疮痂病 卷叶蛾	77%可杀得600倍液加已然800倍液加灭扫利3 000倍液

（续表）

| 序号 | 喷药时间 | 防治对象 | | 药剂及其使用方法 |
		主治	兼治	
7	6月29日	卷叶蛾 蚧类	粉虱	40%速扑杀1 500倍液加菌毒清 800 倍液扫螨净3 000倍液
8	7月23日	炭疽病 锈螨	蚧粉虱	35%快克 800 倍液好年冬2 000倍液加代森锰锌 800 倍液
9	8月6日	潜叶蛾	锈螨	好年冬2 000倍液杀虫双 600 倍液
10	8月15日	潜叶蛾	卷叶蛾	杀虫双 600 倍液加 40%速扑杀 1 500 倍液
11	9月1日	潜叶蛾	螨类	单甲脒 600 倍液加杀虫双 600 倍液
12	9月27日	蚧类粉虱	螨	三唑磷 600 倍液加扫螨净2 500倍液
13	11月16日	螨 炭疽病		氧化乐果1 000倍液加杀螨利果2 000倍液加代森锰锌 800 倍液

1.3　测定项目与方法。

1.3.1　亩费用（含人工）　记载每次喷药所用时间及用药成本，折算亩费用。

1.3.2　主要病虫害控制情况　①红蜘蛛：从 5 月 20 日开始至 11 月 5 日止，每隔半个月定点调查 30 片叶，检查活成虫头数；②蚧类、粉虱：于 10 月 4 日各小区随机检查 3 株，每株树检查 50cm 枝梢（包括叶片）；③潜叶蛾：分别在 8 月 20 日，9 月 15 日进行调查，每小区调查 30 个新梢，共 90 个，分别记录梢、叶为害程度。

1.3.3　好果率　柑橘采收时，每个小区检查 3 株，每株随机取 50 只果，按以下标准分级：1 级为无病虫斑；2 级为 1/2 果面内有病虫斑；3 级为1/2以上果面有病虫斑。

2　试验结果

2.1　喷药次数减少，农药成本降低。优化防治与常规防治比较年防治次数由 13 次威海到 9 次，亩用工 3.24 工，以每工 25 元计算，节约工本 81 元，农药成本减少 5 055 元，每亩节省费用 28.1%，达到省工省本的目的。

2.2　主要病虫害得到有效控制。

2.2.1　红蜘蛛防治情况　从表 2 中可看出，优化防治区，红蜘蛛基本上得以控制。优化防治区的虫口数几乎都明显低于常规区及对照区。

表 2　红蜘蛛田间消长情况　　　　　　　活虫头（30 叶）

处理	日期											
	5 月20 日	6 月5 日	6 月20 日	7 月5 日	7 月20 日	8 月5 日	8 月20 日	9 月5 日	9 月20 日	10 月5 日	10 月20 日	11 月5 日
对照	129	212	1 041	1 858	931	69	374	430	613	599	517	514
常规	170	5	35	182	49	3	171	61	263	45	264	322
优化	13	3	7	39	34	2	153	79	41	99	8	19

2.2.2　蚧类、粉虱防治情况　从调查结果得，对照蚧类 203 只，粉虱 188 只，而常规防治区与优化防治区均为零。

2.2.3　潜叶蛾　试验表明，8 月 20 日检查时，优化防治区与常规防治区防治效果相差不大，其中为害率分别为 3.8% 和 3.5%，而 9 月 15 日检查时，优化防治区的为害率（59.4%）高于常规防治区（36.8%），但低于对照区（67.6%）。

2.3　好果率较高。据调查表明，一级果率对照区仅 9.33%，而常规防治区 94.7%，优化防治区为 90.7%，比常规防治区低 4 个百分点。

3 小结

3.1 试验结果表明，优化防治比常规防治具有明显省工省本作用，每亩节约费用 132 元，降低 28.1%，尤其在节省劳动力方面更为显著。

3.2 从试验结果可以看出，优化防治区柑橘红蜘蛛、蚧类、潜叶蛾等主要病虫害基本上得以有效控制，且红蜘蛛防治效果高于常规防治，但潜叶蛾的防治效果稍差，可能与好年冬防效有关。

3.3 尽管果实中优化防治的一级果率略低于常规防治，如果每亩产量 1 500kg，一级果与二级果每千克差价 0.5 元计，仅影响产值 30.00 元，远低于所节约成本。

综上所述，我们初步得出如下结论，病虫优化防治经济效益是显著的，但在各种农药的搭配选用、防治时间的调整及如何进一步提高防治效果、提高好果率方面，还需进一步试验探讨。另外，本试验中的呋喃丹、氧化乐果、速扑杀、好年冬等药剂现已禁用，仅为当年试验采用而已。

果树防虫网覆盖栽培技术

李学斌[1]　王允镔[2]　何凤杰[3]

（1. 浙江省台州市椒江区农业农村和水利局，台州　318000；

2. 台州市黄岩区农业农村局，台州　318000；

3. 台州市农业技术推广中心，台州　318000）

在柑橘等水果无病毒苗繁育过程中，防虫网覆盖是重要的措施之一，主要用于隔离控制柑橘蚜虫、柑橘木虱等病毒传播媒介昆虫的侵害。近几年，我们将防虫网覆盖用于果树防霜冻、防暴雨、防落果、防虫鸟等，取得到了很好的效果，确保水果产量和品质，增加经济收益。由此认为，防虫网覆盖可能会成为果树设施栽培的一种新模式。

1　防虫网覆盖的主要作用

1.1　防病虫。防虫网覆盖后，阻隔了蚜虫、木虱、吸果夜蛾、食心虫、果蝇类等多种害虫的发生传播，可达到防止这些害虫为害的目的。尤其控制蚜虫、木虱等传毒媒介昆虫的为害，对防控柑橘黄龙病，柑橘衰退病等病害的蔓延传播，以及防治杨梅、蓝莓等果蝇类害虫，防虫网覆盖可发挥重要作用。

1.2　防霜冻。对果树幼果期和果实成熟期处于冷冻和早春低温时节，易遭霜冻危害，造成冷害或冻害。采用防虫网覆盖，一是有利提升网内温湿度，二是防虫网的隔离有利防止果面结霜受伤，对预防枇杷幼果期的霜害和柑橘果实成熟期的冷害有极明显的效果。

1.3　防落果。杨梅果实成熟期正值夏季多暴雨天气，如选用防虫网覆盖，对减轻因暴雨引发的落果，尤其果实成熟期多雨水时防落果的效果更明显。

1.4 延成熟。防虫网覆盖后有一定遮光作用，可使果实成熟期推迟。杨梅网式栽培的果实成熟期比露地栽培迟 3d 左右，蓝莓网式栽培的果实成熟期迟 5~7d。

1.5 防鸟害。樱桃、蓝莓和葡萄等易遭鸟害的水果，果实成熟期覆盖防虫网防鸟害的效果极为理想。

2 防虫网覆盖的主要技术

2.1 防虫网的选择。防虫网是一种新型农用覆盖材料，常用规格有 25 目、30 目、40 目、50 目等，有白色、银灰色等不同颜色，应根据各种果树实施防虫网覆盖栽培的目的选择防虫网。以防虫为目的，一般选用 25 目白色防虫网；以防霜冻、防落果和防暴雨等为目的，可选用 40 目白色防虫网。

2.2 覆盖方式。分棚式和罩式两种。棚式：将防虫网直接覆盖在棚架上，四周用泥土和砖块压实，棚管（架）间用卡槽扣紧，留大棚正门揭盖，便于进棚操作管理，主要适合蓝莓、杨梅等高价值水果栽培的应用。罩式：将防虫网直接覆盖在果树上，内用竹片支撑，四周用泥土按实，可单株或多株，单行或多行，操作简便，大大节省架材，缺点是覆网后田间操作管理不便，适合短期、季节性防霜冻、防暴雨、防鸟害等，如柑橘果实成熟期和枇杷幼果期的防霜冻，以及杨梅、蓝莓成熟期的防果蝇和防鸟类为害等。

2.3 覆盖时间。根据防虫网覆盖的目的确定覆盖时间。柑橘果实成熟期的防霜冻，要求在霜冻（冷空气）来临前覆盖防虫网，一般在 10 月底或 11 月初开始覆盖，如杨梅果实成熟期防果蝇和防暴雨等，一般在果实成熟前一个月即 5 月上中旬开始覆盖。

2.4 田间管理。防虫网覆盖前，果园要做好施肥、病虫害防治等各项管理，这是防虫网覆盖栽培的重要配套措施。尤其罩式覆盖后不便田间管理，更应在防虫网覆盖前全面做好施肥、病虫害防治等工作。

防虫网覆盖期间，要做好网室密封，四周要用泥土压实，棚顶及四周用卡槽扣紧，如遇五六级大风，需拉上压网线，以防掀开。平时田间管理管理人员进出时要随手关门，以防害虫飞入棚内。同时经常检查防虫网有无撕裂口，一旦发现，要及时修补。防虫网用于防果实霜冻时，在遭遇霜冻天气前要将防虫网与果实隔开，以避免因果实紧贴防虫网而造成霜害。

防虫网覆盖结束后，要及时收回，冲水清洗干净，晾干，入库储藏，以备重复使用。防虫网是以优质聚乙烯为原料经拉丝织造而成，正常使用寿命可达 5 年。

3　防虫网覆盖栽培存在的问题及建议

防虫网覆盖栽培是实施水果安全优质栽培的新技术之一。当前果树防虫网覆盖栽培存在的主要问题：一是一次性投入成本较高，尤其网式大棚，每亩成本 3 万元左右，一般果农难以组织实施；二是相关配套管理技术上有待进一步研究；三是防虫网覆盖栽培虽然对防虫抗灾作用十分明显，但对抵御极端天气（如极端低温和强风暴雨等）尚不能发挥作用，尤其强台风袭击会使防虫网破裂而造成严重的经济损失。

为促进防虫网覆盖栽培在果树生产中更好地发挥增产增收的作用，建议做好以下工作：一是加强防虫网覆盖栽培技术的研究和示范；二是防虫网覆盖栽培一次性投入成本较高，一般果农难以推广应用，建议政府可参照温室大棚的补贴标准给予补助；三是相对薄膜温室大棚而言，此技术投资少，管理操作简便，实施难度小，同时可减少农药使用，有利保护生态环境，推广应用价值很高，各地在做好示范的基础上加快防虫网覆盖栽培技术的推广应用。

柑橘周年管理技术

高洪勤　何凤杰　徐春燕

（浙江省台州市农业技术推广中心，台州　318000）

1　1—3月管理要点

1.1　巧施春肥。

1.1.1　幼龄树　在春梢萌芽前，地面浇施稀薄人粪尿或尿素液1次，株施50~100g尿素混入5~10kg腐熟粪水或清水中，采用环状沟施为主。

1.1.2　结果树　在萌芽前1~2周，即3月初到3月中旬根据树势、采果肥施入等情况确定施肥量，一般上年结果少、采果肥足、树势较强的树可以不施或少施，反之，一定要及时施肥。肥料种类以氮肥为主，适当搭配磷、钾肥；一般株产50kg的成年结果树，可株施三元复合肥0.5~0.8kg加尿素0.2kg。施肥方法以雨后地面湿润为好，采用放射状沟施或半月形沟施，施后盖土或杂草。

1.1.3　叶面肥　树势偏弱的橘园，可选用0.3%尿素加0.2%磷酸二氢钾，或微补硼力2 000倍液加微补花力800~1 000倍液，或0.2%~0.3%磷酸二氢钾加液体硼肥和锌肥，或氨基酸稀土肥1 000~2 000倍液，或绿旺、高盛、倍力钙等叶面肥，交替使用，隔15d左右喷1次，连喷2~3次。

1.2　合理修剪。

春季修剪宜在气温稳定回暖后开展，幼树以整形为主，结果树以调节生长与结果为主。

1.2.1　幼树　一般采用自然开心型。当年栽植的幼树，选强壮枝梢20~50cm处剪顶定干，春季萌芽后，抹除砧木上的萌蘖和主干上过多的芽梢，对过长的梢在20~30cm处摘心；2~3年生的树，每树选留3~4个主枝，剪除多余的枝梢，枝角一般在45°左右，每个主枝选留2~3个副主枝，再在主枝和副主枝上配备侧枝和枝组，修剪量要轻，主要对主枝延长枝进行短截或疏除。

1.2.2　初结果树　以扩大树冠为目的，重点培养好树体骨架，为形成优质稳产树形打好基础。采用轻剪，疏除过密枝、骨干枝上的直立枝和病虫枝；要严格控制结果母枝数量，控制结果量，防止结果过多造成树势衰弱，影响树冠扩大。

1.2.3　结果树　树势较强、花量又较多的，可适当提早修剪，适当加重修剪量，起到疏花促梢作用；而上年结果量偏高、树势又较弱、花量少的橘树，可适当推迟修剪，且修剪量宜轻，做到轻剪保花。修剪时先锯除过多的或重叠的主枝、副主枝、大枝，然后以主枝为单位，从上至下，从内到外进行。先剪除病虫枝、交叉枝、重叠枝、下垂枝等，再采用短截、疏删、回缩等方法相结合处理各部位的枝组，一般树冠上部以疏控为主，中下、外部回缩为主，结合疏删加短截，内膛采用短截、疏删，多培养分枝角度大、斜生枝或横生枝及侧枝，增加结果率和小果比例，提高品质。对抽生细弱而叶片细小、无结果能力的衰老枝组，从基部剪去或回缩至下部强枝。对内膛郁闭、树冠高大的橘树，主枝超过3~4个的，可采用大枝修剪法，剪除1~2个主枝，对内膛直立长势过旺的树，采用"开天窗"的方法，剪除顶部长势旺的枝组，增加树体通风透光，减少病虫为害，提高结果率和果实品质。

1.2.4　老年树　根据树势衰老程度轻重，分别在枝组、侧枝、主枝部位进行短截，大伤口要锯平，涂保护剂进行保护。

1.3　抗寒防冻。

1.3.1　树体防护　采用石灰水涂白枝干，稻草包裹树干，培土覆盖根颈，遮阳网覆盖树冠或地面覆膜等方法来防止树体和根系受冻，幼年树可采用整株包裹，苗圃可采用搭棚防冻。

1.3.2　灌水增湿　在寒潮来临前，树盘灌水保湿，树冠喷微补果力 400 倍液，或 0.3%硫酸锌，或 0.3%尿素加 0.2%磷酸二氢钾等叶面肥增湿，或喷布抑蒸保温剂，增强树体抵抗力。

1.3.3　熏烟驱霜　寒潮来临时，夜间在果园四周用柴禾、枯枝、落叶、杂草、锯木屑等进行熏烟增温，每亩 3~5 堆。

1.3.4　大棚加热　采用大棚延后栽培而没有采完果实的大棚橘园，可采用双膜覆盖提高棚内温度，霜冻来临时，夜间可采用电热器、煤炉、熏香等进行加热。棚内采用熏烟加温时，注意人身安全。

1.3.5　及时除雪　遇大雪时，及时摇落树冠积雪，防止压垮树枝；及时清除大棚上的积雪。

1.3.6　冻后护理　解冻之后立即在树冠下松土，以保住地热，提高土温；尽早剪除枯叶，及时灌溉，恢复根系与枝干细胞生理功能；在气温稳定回暖后，根据冻害程度，进行适当的修剪，喷施叶面肥促进树势恢复。对受冻严重，造成大量落叶或枝干受冻的，修剪后要进行枝干涂白，防止日灼。

1.4　春季清园。在春季修剪后、橘树萌芽前，及时清除橘园里的枯枝落叶、落果、杂草等，挖除黄龙病病株或死树，进行深埋等处理后，再进行全园喷药。药剂可选用：99%SK 矿物油（绿颖）150~200 倍液，或松碱合剂 8~10 倍液，或 45%松脂酸钠 100~120 倍液；害螨发生严重的橘园，可喷布 24%螨危悬浮剂 2 000 倍液等杀螨剂，或晶体硫 100~120 倍液等。

2　4—6 月管理技术

2.1　肥水管理。

2.1.1　幼树、初结果树　当年栽植的幼树，每月地面施 1 次稀薄人粪尿或尿素液，可每次每株用 50g 尿素加 50~100g 硫酸钾溶解在 6~8kg 腐熟的稀粪尿或清水中，浇施在树冠滴水线处；其他幼树（包括初结果树）在各次梢抽发前1周地面各施1次速效薄肥，结合病虫防治每隔15～20d叶面追肥1次，以氮、钾肥为主，氮、磷、钾（N：P_2O_5：K_2O）之比以1：0.3：0.5为宜，初结果树氮、磷、钾（N：P_2O_5：K_2O）之比以1：（0.4～0.6）：（0.7～1）为宜，施肥量随着树冠的扩大不断增加。

2.1.2 结果树 早熟、特早熟温州蜜柑等早熟品种以及结果多而树势衰弱的树，在第二次生理落果基本结束（6月下旬）前施入壮果肥。以速效性钾肥为主，配施氮、磷，或者硫酸钾三元复合肥，肥力差的园地，可适当增施有机无机复混肥。施肥量占全年35%～50%。一般成年结果树氮磷钾三元复合肥0.5～1.0kg，或尿素0.5kg加硫酸钾0.25～0.5kg。在树冠滴水线外挖15～40cm深的环沟或放射沟，将肥料均匀施入，加土覆盖。宜选择雨后初晴施肥，雨季可干施，旱季需灌水施肥或施后立即灌水；也可在下雨前撒施，施后中耕5～10cm。

2.1.3 水分管理 4—6月是柑橘抽梢、开花结果的关键期，对水分需求量比较大，遇干旱时要及时灌水或浇水。一般情况下，阴天叶片出现轻微萎蔫，或高温干旱天卷曲的叶片傍晚不能恢复正常的，应及时灌水；遇春雨绵绵或梅雨季节雨量较大时，及时疏通沟渠排水，严防橘园积水。

2.2 梢果管理。

2.2.1 疏花控梢 根据树势和花量的多少进行。树势比较中庸、花量多的树，花蕾期疏去部分无叶花枝，并摘除部分春梢过长的送脑花；盛花期和谢花后期各摇花一次，摇去畸形花、花瓣和授粉受精不良的幼果；初生树或长势较强的少花树，春梢旺发期，疏去树冠中上部、外围的春梢，疏梢量可占新梢量的30%～50%；树冠内部的新梢留4～6片叶摘心。也可在春梢4～5cm长时，树冠喷布15%多效唑可湿性粉剂200倍液压梢，疏去全部夏梢或留1～2叶摘心。本地早等因生长过旺不结果的橘树或低产树，可在开花后一周左右进行环割或环剥。

2.2.2　喷叶面肥　对多花、弱树，从花蕾期开始，每隔 10～15d 喷 1 次叶面肥补充养分，可选用 0.3%尿素加 0.2%磷酸二氢钾混合液或微补硼力（或速乐硼）2 000 倍液或微补果力 800 倍液或 0.136%碧护可湿性粉剂 15 000 倍液或 0.004%芸苔素内酯（云大-120）5 000 倍液等，以及稀土肥、爱多收、绿芬威等叶面肥，补充硼、锌、铁、锰、镁等微量元素。对本地早、脐橙等一些树势强、花量少的树，抽梢前严格控制氮肥用量，在花谢 2/3 时喷布 $40\times10^{-6}\sim50\times10^{-6}$ 赤霉素进行保果。

2.2.3　合理留果　为确保连年稳产、丰产，提高优质果率，对大年树实行疏果。疏果分两次进行：第一次是在第一次生理落果结束、幼果大小分明时，疏除小果、病虫果、畸形果、密生果；第二次是在第二次生理落果结束后，根据不同品种的叶果比要求适当疏除多余果实。宫川等早熟温州蜜柑一般小果型品质较佳，此期不宜疏果。

2.3　病虫防治

2.3.1　红蜘蛛　提倡采用生物防治。4 月中下旬晴天 17 时后或阴天释放捕食螨。4 月红蜘蛛发生呈中心株发生态势，可采取挑治中心株。全园发生时，当红蜘蛛达到 2～4 头/叶时进行喷药防治。花前药剂可选用 99% SK 矿物油乳油（绿颖）200～250 倍液或 1.8%阿维菌素乳油 1 500～2 000 倍液或 24%螺螨酯悬浮剂 1 500～2 000 倍液；花后选用 73%炔螨特（克螨特）乳油 2 000 倍液或 10%乙螨唑悬浮剂 2 000～2 500 倍液等交替使用，一般每种药剂一年使用 1～2 次。

2.3.2　花蕾蛆　上年发生较严重的橘园，成虫出土前（现蕾初期）覆盖地膜，阻止成虫上树；花蕾露白时，地面撒施 3%辛硫磷颗粒剂或每亩用 50%辛硫磷乳油 150～200g 混合 15kg 细土，或地面喷施 18.1%zeta-氯氰菊酯乳油（富锐）3 000 倍液或 5%顺式氯氰菊酯乳油（百事达）600 倍液；4 月中下旬树冠喷洒 80%敌敌畏乳油 800~1 000 倍液或 2.5%氯氟氰菊酯乳油（功夫）1 000~1 500 倍液或 2.5%联苯菊酯（天王星）乳油 1 000~1 500 倍液。及早摘除、清理受害的花蕾。

2.3.3　蚜虫　当 20%嫩梢发现有"无翅蚜"为害时，可用 10%烯定虫胺 2 000 倍液或 25%吡虫啉可湿性粉剂 2 000 倍液或 3%啶虫脒乳油 1 500 倍液等，可兼治木虱、粉虱和叶甲等害虫。

2.3.4　木虱　4 月中旬至 7 月中旬（第 1~3 代若虫盛发期），当 20%叶片或果实发现若虫为害时喷药防治。药剂可选用 10%吡虫啉可湿性粉剂 1 000~1 500 倍液或 25%吡虫啉可湿性粉剂 2 000 倍液等药剂，可结合蚜虫防治。

2.3.5　介壳类害虫　5 月下旬幼虫孵化期选用 99% SK 矿物油乳油（绿颖）150~200 倍液或 22%氟啶虫胺腈悬浮剂（特福力）4 000 倍液防治。可加入杀菌剂兼治黑点病、疮痂病等，隔 10~15d 轮换用药防治 2 次。

2.3.6　天牛　夏至前后用刀刮除虫卵，幼虫初发期，及时扒土亮兜，检查虫孔、虫粪，在初期为害阶段，消灭幼虫于皮下。

2.3.7　疮痂病、黑点病、炭疽病和黑斑病　芽长 2~3mm、花谢 2/3 及 6 月中旬，分别选用 80%代森锰锌可湿性粉剂（大生 M-45）600 倍液或 60%唑脒·代森联水分散粒剂（百泰）1 500 倍液或 75%百菌清 800 倍液或 30%王铜 600 倍液或 77%氢氧化铜 800 倍液防治，隔 10~15d 轮换用药防治 2 次。

3　7—9 月管理技术

3.1　肥水管理。

3.1.1　施肥时期　幼树在新梢萌芽前后；成年结果树在生理落果基本结束、秋梢抽发前 10d 左右，一般早熟、特早熟品种在 6 月底至 7 月初，中、晚熟品种在 7 月上中旬。

3.1.2 肥料种类、数量 幼树以氮、钾为主的速效肥；结果树以速效性钾肥为主，配施氮、磷，或者三元复合肥，肥力差的地块，可适当增施有机肥，或有机无机复混肥。施肥数量要结合树势、天气、挂果量等因树而定，结果较多、树势较弱、土壤肥力较差的应多施；反之则少施。施肥量占全年施肥量的 35%～50%。一般成年树每株施复合肥 0.5～0.7kg，或尿素 0.5kg 加硫酸钾 0.25～0.5kg。树势较弱、挂果较多的树，在地面施肥的基础上，需进行叶面补肥。叶面肥可选用 0.3% 尿素加 0.2% 磷酸二氢钾或微补壮力 1 000 倍液加微补盖力 600 倍液或绿芬威 1 号、2 号，以及稀土微肥等，每隔 7～14d 喷 1 次，连喷 2～3 次。

3.1.3 施肥方法 可采用沟施或地面撒施。加施有机肥的，要求进行沟施：在树冠滴水线外，挖深度在 15～40cm 的围沟或放射沟，将肥料均匀施入，加土覆盖，园土干燥时需进行园沟灌水或浇水。仅施化肥的，可在下雨前撒施，施后中耕 5～10cm。喷施叶面肥，结合病虫防治进行，宜选择 10 时前或 16 时后进行。

3.1.4 补水 此期树体需水量较大，缺水会影响果实发育、秋梢生长，造成后期果实裂果严重，要做到均匀供水，尤其是高温干旱发生时，要及时补水。

3.2 合理留果。结果量较多的树，需进行适当疏果。可采用枝组疏果法和均匀疏果法。

3.2.1 枝组疏果法 一般早熟、特早熟温州蜜柑中小果品质相对较好，可采用此法。选择部分直径 2.5cm 左右的侧枝为疏果单位，将其上的果实在 7 月底前全部疏除，其他枝条的果实只疏除没有商品价值的果实，隔年轮换。

3.2.2 均匀疏果法 中晚熟温州蜜柑、椪柑、脐橙、玉环柚等品种采用此法疏果，一般分两次进行。在第一次生理落果结束后，疏除病虫果、畸形果、直立（朝天）果、密弱果、特大果和小果；在定果后再按品种和栽培条件合理留果。各品种合理的叶果比为：

中晚熟温州蜜柑（20~25）：1，本地早（70~80）：1，脐橙（50~60）：1，温岭高橙（40~50）：1，椪柑（70~90）：1，柚（200~250）：1。

3.3　防灾减灾。

3.3.1　高温干旱　裸露的树干及大枝用石灰水涂白，或覆盖遮阳网、稻草等，顶部果实采用套袋或粘纸，防止日灼。平地和水源充足的橘园，采用园沟灌水，山地或水源紧缺的橘园，可采用穴灌。地面灌水前，最好树冠喷一次水。水源紧缺的地块，每隔3~5d在傍晚喷清水（或低浓度叶面肥）来缓解旱情；树盘加盖10cm的柴草、秸秆，可减少降低土壤温度，减少土壤水分蒸发。

3.3.2　台风暴雨　台风暴雨来临前，要整修沟渠，保持排水顺畅；处于风口的橘树，要进行加固，防止刮倒橘树、碰伤果实。台灾过后，要及时清沟疏渠，迅速排出园内积水，降低地下水位，加速表土干燥；清洗植株枝叶上泥浆以及挂在植株上的杂物。对外露根系进行培土覆盖；伤根严重的及时疏枝剪叶，减少蒸发；及时绑缚、剪除断裂树枝，大伤口涂保护剂，外露的大枝干用1：10石灰水涂白，并用稻草包扎；淹水时间长、受害重的树除进行重剪外，还应摘去部分果实，减少受涝树枝叶水分蒸发和树体养分消耗；隔7d左右喷施叶面肥2~3次，加强病虫监测和防治。

3.4　防病治虫。

3.4.1　黑点病、炭疽病、黄斑病等　近年来黑点病发生比较严重，尤其是果实上发病后，影响果实外观，降低商品性和优质果率，较少收入，各地要高度重视。在防治上除了做好清园和谢花期喷药外，幼果期防治也是一个关键，在柑橘花谢2/3后的100d内选用优质杀菌剂农药进行精准预防，秋梢抽发期结合防治炭疽病等。药剂可选用80%代森锰锌可湿性粉剂（大生M-45或护庄）600~800倍液或75%丙森锌可湿性粉剂（安泰生）600倍液或43%戊唑醇悬浮剂（好力克）5 000倍液等杀菌剂防治，每隔15d左右喷1次，连喷2~3次，注意药剂轮换。

3.4.2　溃疡病　甜橙、杂柑等易发生溃疡病的树种，在嫩梢期或幼果期，选用80%波尔多液可湿性粉剂（必备）400~600倍液或72%农用链霉素可湿性粉剂2 500倍液或20%噻菌酮悬浮剂500倍液或77%氢氧化铜2 000型可湿性粉剂800~1 000倍液单独喷药防治。

3.4.3　锈壁虱、红黄蜘蛛　7月上中旬注意锈壁虱的防治，9月注意红蜘蛛、黄蜘蛛的防治。一般每视野有锈壁虱5~10头或红蜘蛛、黄蜘蛛5~6头/叶时，即可喷药防治，药剂可选用99% SK矿物油乳油（绿颖）300倍液加1.8%阿维菌素乳油3 000倍液或24%螨危悬浮剂3 000倍液或20%四螨嗪悬浮剂1 500~2 000倍液或15%哒螨灵乳油1 500~2 000倍液或25%三唑锡可湿性粉剂1 000~1 500倍液防治。

3.4.4　介壳虫、黑刺粉虱　7月下旬当10%叶片有蚧类若虫或10%果实有若虫2头/果时，选用99% SK矿物油乳油（绿颖）乳油200~300倍液或22.4%螺虫乙酯悬浮剂（亩旺特）3 000倍液或22%氟啶虫胺氰悬浮剂（特福力）3 000倍液或25%扑虱灵可湿性粉剂1 500倍液加50%马拉硫磷乳油1 000倍液，隔10d左右连喷2次。

3.4.5　潜叶蛾、木虱　8月上旬采用统一放秋梢，当多数新梢长达2~3mm时，选用2.5%溴氰菊酯乳油3 000~4 000倍液或10%吡虫啉可湿性粉剂1 500~2 500倍液或50%灭蝇胺可湿性粉剂（潜克）2 500~3 000倍液或1.8%阿维菌素2 000倍液喷雾。

3.4.6　夜蛾类　以杀虫灯诱杀为主，或者在8月中旬至采果前15d，选用5.7%氟氯氰菊酯乳油1 000~2 000倍液或10%溴虫腈悬浮剂1 000~1 500倍液，每隔15~20d喷1次，连喷2~3次。

3.4.7　天牛　捕杀或用蘸过敌敌畏原液的棉花塞洞毒杀天牛。

4 10—12 月管理技术

4.1 控水提质。柑橘采收前，如果雨水过多，土壤含水量过高，会明显降低果实的可溶性固形物含量，不利于果实的增糖，影响果实品质，因此需适当控水。可采用及时排水、地膜覆盖、大棚避雨等措施，使土壤保持适当干燥，减少根系水分吸收。控水的程度一般以叶片略卷缩，第二天早晨能恢复为度，如果第二天早晨不能恢复，说明控水过度，要适当补水。地膜覆盖宜采用透气反光膜（如杜邦特卫强），既能阻隔雨水渗入，又能透气，防止根系受伤，改善树冠内部的光照，提高中下部果实的品质。大棚避雨栽培只盖顶膜，不盖裙膜。覆膜后如遇持续秋旱，可采用树冠喷水，或膜下配置滴灌灌水，严重时应揭地膜浇水。果实转色至成熟期，选用微补壮力 750 倍液加微补盖力 500 倍液，隔 10~15d 喷 1~2 次，可提高果皮光泽、改善品质、减少浮皮、延长贮藏期。

4.2 果实管理。

4.2.1 适时采收　果实应当在完全表现出该品种固有特征时采收。一般特早熟温州蜜柑可在 9 月中下旬采收；宫川、兴津等适合完熟栽培或大棚延后栽培的早熟品种，一般露地完熟采收宜在果实充分着色、糖酸比最佳、浮皮较轻的 11 月上中旬采收；大棚延后栽培的橘园，根据天气情况，一般在 10 月底 11 月初进行覆膜，春节前后采收，随采随卖，不宜久贮。同一株树可分批采摘，先采大果和上中部果实，选黄留青，既可减轻树体负担，又可提高留树果实品质。用于贮藏的中、晚熟品种，以果面有 2/3 转黄、油胞充实，果肉坚实未变软时采收为宜。

采收应选择晴好天气、在树冠露水干后进行。采果人员要修剪指甲，戴上软质手套，盛装的篮、筐要消毒，垫上柔软物。采果时用手托着果实，先留果柄稍长剪下，再剪平，轻拿轻放。运输过程中要防止机械损伤。轨道车运输要注意人身安全，人员切不可乘坐轨道车。完熟栽培和延后栽培要关注天气情况，及时落实果实防冻措施。

4.2.2 贮藏保鲜 需要贮藏的果实，最好在采后当天进行防腐保鲜处理。先剔除病果、伤果、畸形果，将果实浸入按推荐浓度配成的防腐保鲜剂药液中 1min 左右，让果实在药液中充分湿润，再将果实取出晾干，放在通风库房预贮 5~7d（遇到连续雨天可延长到 10~12d），以果皮晾干、果实失重 3%~5% 为度，然后采用保鲜袋单果或双果包装后，放入木条箱、竹筐等容器，进入冷库、地窖、通风贮藏库等地方进行贮藏。防腐剂以抑霉唑（万利得）、异菌脲（扑海因）、双胍三辛烷苯基磺酸盐（百可得）等为好，出口罐头原料橘严禁使用多菌灵及分解后产生多菌灵成分的杀菌剂浸果。贮藏温度根据品种的不同控制在 2~7℃，相对湿度以 85%~90% 为宜。一般温州蜜柑适合的贮藏温度为 3~5℃，玉环柚、椪柑为 5~7℃。

4.2.3 分级包装 采后（贮藏后）的果实用分级机经过清洗、表面处理、分级、贴标及包装等一系列商品化处理后，再出售。有条件的地方可应用光电分级机，根据着色度、可溶性固形物含量不同等进行精细化分级。包装纸箱要求清洁、干燥、质地轻而牢固，无异味，防潮、防雨、防压，包装盒印刷规范，应注明商标、品名、等级、装箱重、产地、执行标准号、采收时间、保鲜条件及期限等，粘贴合格证和追溯码。

4.3 施采果肥。根据品种、挂果量和树势选择施肥时期、施肥量和施肥方式。一般早熟品种可在采后一周施，中熟品种可边采边施，晚熟品种可在采前一周施。当年结果偏少、树势偏强的树，可少施或不施；结果正常的树以有机肥为主，搭配少量三元复合肥，施肥量占全年的 20% 左右；结果过多、树势较弱的树，除地面施肥外，应根外追肥，可采用 0.2%~0.3% 尿素、微补花力 700 倍液加微补果力 600 倍液或稀土微肥等叶面肥喷 1~2 次，减少落叶，促进树势恢复和花芽分化。采果肥一般采用沟施、穴施等深施为主,遇干旱时,施肥前应浇水或灌水。

4.4 病虫防治

4.4.1 红、黄蜘蛛 每叶发现 5~6 头红蜘蛛时,需进行药剂防治,可选用 73%炔螨特(克螨特)乳油 2 000~2 500 倍液、24%螺螨酯(螨危)悬浮剂 2 000 倍液、1.8%阿维菌素乳油 1 500 倍液、20%丁氟螨脂悬浮剂(金满枝)2 000 倍液等。采收前 25~30d 须停用。

4.4.2 吸果夜蛾 可采用灯光诱杀、毒饵诱杀、药剂拒避、果实套袋等防治。灯光诱杀要求每 2hm² 左右安装一台杀虫灯;毒饵诱杀配方一般用甘薯饴糖 2 份、籼米甜酒 1 份、烂橘子汁 1 份、90%晶体敌百虫 1 份和水 20 份,经充分拌匀后置于容器内,每亩放置 4~5 个,呈梅花形摆布,高度与树冠顶部相近,每天清晨捞出死蛾,隔 4~5d 换药 1 次;药剂拒避可选用 5.7%氟氯氰菊酯(百树得)乳油 2 000~3 000 倍液、2.5%顺式氟氯氰菊酯(保得)乳油 1 000~2 500 倍液、18.1%zeta-氯氰菊酯乳油(富锐)3 000 倍液等,隔 15~25d 喷 1 次,采收前 25~30d 须停用。

4.4.3 橘小实蝇 用诱捕器诱杀小实蝇雄蝇。在幼虫脱果入土和成虫羽化盛期,地面喷洒 50%辛硫磷 800~1 000 倍液;成虫盛发期,用 1%水解蛋白加 90%敌百虫 600 倍液,或 90%敌百虫 1 000 倍液加 3%红糖,或 20%甲氰菊酯 1 000 倍液加 3%红糖,制成毒饵,喷布果园及周围杂树树冠,每隔 10d 喷 1 次,连喷 3~4 次。

4.4.4 疫霉褐腐病 近几年成熟期高发的一种病害。排灌不畅、地下水位过高、种植密度大、湿度过高、结果部位低的果园易发。在防治上要注意清沟排水、合理稀植、适当修剪,增加树冠通风透光率;吊起或撑起距地面较近的结果枝条(枝组),地面铺草。9 月开始应喷施保护性药剂,如吡唑醚菌酯、苯醚甲环唑·嘧菌酯、甲霜灵·锰锌等,特别是雨前雨后要及时用药,重点喷施中下部果实。如果病害已经发生，要及时捡拾落果，集中清理销毁，树冠喷咪鲜胺加乙膦铝加代森锰锌，5~7d 1 次，连续 2 次，其中乙膦铝可以和噁霜灵、甲霜灵、疫霜灵药剂进行轮换使用，同时防治炭疽病。注意药剂使用安全间隔期。

4.4.5　冬季清园　采收完成后，进行适当修剪，剪去枯枝、病虫枝、丛生枝，疏除或回缩交叉枝、重叠枝以及衰老枝组，适当疏除过多的结果母枝，并将果园内的枯枝、落叶、落果和杂草清理并带出果园销毁；挖除黄龙病树，移出果园烧毁；将园地翻耕，把土中越冬的虫或蛹翻到土表冻死、晒死或被捕食；刷白树干，既可杀虫、防病，又可防冻；全园喷布 99% SK 矿物油乳油 150~200 倍液或 8~10 倍液松碱合剂或波美 2°~3° 的石硫合剂等。

浙江台州柑橘提质增效生产技术

李学斌[1]　王林云[1]　项　秋[1]　王允镆[2]　何凤杰[3]

（1. 浙江省台州市椒江区农业农村和水利局，台州　318000；

2. 台州市黄岩区农业农村局，台州　318000；

3. 台州市农业技术推广中心，台州　318000）

在柑橘产业转型升级的重要时期，生产管理将由精细型向省力型转变、栽培方式由露地型向设施型转变、产品由数量型向质量型转变，实施省力化管理、设施化栽培、精品化生产和产业化经营，尤在当今劳动力十分短缺和生产资料成本大幅上涨的情况下，示范推广柑橘提质增效生产技术，对加快柑橘产业的转型升级具有十分重要的意义。现根据2018年以来组织实施的浙江省水果产业团队项目——柑橘提质增效生产技术的示范研究，结合各地的实施成效与应用前景，提出柑橘提质增效的主要技术及相关做法，供各地参考。

1　高接换种

柑橘高接换种是优化柑橘品种结构，实施提质增效的重要手段。据台州市农业农村部门2019—2021年的调查统计，通过高接换种改造的约占新发展总面积的1/4，尤其新引进的鸡尾葡萄柚和红美人等杂柑类品种比例更高；而通过高接换种等新发展柑橘品种的平均产值为10 496元/亩，是常规品种4 263元/亩的2.46倍，提质增效十分显著。台州柑橘高接换种，根据当地的气候和土壤条件，结合各地的示范试验和生产调研，除稳固宫川蜜柑和少核本地早等具地方特色良种外，主要改接对象是中晚熟温州蜜柑、椪橘、椪柑、高橙和近几年来新发展的部分杂柑类品种等，改接品种以特早熟的大分和由良、早熟的龟井、中熟的红美人和鸡尾葡萄柚，以及晚熟的春香和沃柑等品种为主，依各地的市场需求和区域生产特点酌情选定。高接换种具有生长快、投入少、见效快、效益高等优势，成为柑橘新品种引选和示范开发的好途径，对推进柑橘品种的更新换代、加快新品种的产业化开发、实现柑橘的提质增效发挥重要作用。

2 园地改造

2.1 改树。改树是台州柑橘实施省力化栽培的重要技术措施之一，历经多年的生产示范，对提高产量和品质效果显著，尤对树冠已郁闭封行的果园和衰老树进行改造，见效快。一般在春季萌芽前通过大枝修剪进行改树，重点是去除直立枝和下垂枝，疏除交叉重叠枝，短截衰弱枝和内膛枝，使树冠保留3~4个主枝和配置合理的结果枝群，树高控制在2.5m左右，树冠通风透光，培养立体结果树形，有利生产操作管理，节省劳力和节约成本。

2.2 改沟。台州果园主要分布在沿海平原和低山缓坡地，台风雨季易造成园地积水，影响根系生长，造成树势衰弱和抗病能力下降，尤其地势平坦、水位较高的平原橘园和集中连片的山脚地重黏土区块，轻则影响柑橘树正常的生长和果实发育，重则导致橘树枯枝落叶，甚至死亡。改沟主要针对排水不良的果园，一般橘园要求隔行开挖一条宽50cm、深50~60cm的排水沟，对堵塞的沟渠要及时疏通。新建果园实施筑墩定植或起垄栽培，通常柑橘园筑高80cm，墩基直径2m，上口直径1.2m的墩或堆高0.5m、宽1.5~2.0m的垄，对防止园地积水和实施优质丰产栽培十分重要。

2.3 改土。改土是柑橘园管理中一个十分重要的环节，对柑橘树的速生早结和优质丰产非常关键，尤其解决果农长期以来偏施化肥，土壤有机质含量低、树体生长慢和果实品质差，以及果园土壤酸化、板结等问题十分突出。台州各县市区政府十分重视有机肥的推广应用，鼓励广大果农使用有机肥改良土壤，并出台相关补助政策，如椒江区对规模种植户商品有机肥政府补贴 150~500 元/t，并对部分种植示范户免费发放各种绿肥种子。目前台州柑橘园主要选用饼肥或猪牛羊粪或商品有机肥基施，以及种植三叶草、紫云英、苜蓿、蚕豆等绿肥植物改土，对改良土壤、减少化肥使用量、增加土壤有机质含量和提高肥料利用率发挥重要作用。

3　合理施肥

施肥是柑橘周年管理的一个重要环节，对柑橘果实的生长发育和品质指标影响十分明显。据椒江区 2021 年几种高钾肥料在红美人上的应用试验，增施钾肥和补充硼、镁、钙等肥料，对促果膨大和提升品质有重要作用，尤其高钾肥料在红美人上的应用，着色率提高 5%~10%，可溶性固形物含量提高 0.5%~1.6%，且风味口感明显改善。根据不同柑橘品种对肥料的需求和品质指标要求，结合各地的示范实践，宫川蜜橘和少核本地早生产追求果个匀称、适中，在施肥上应突出 3 个重点：一是花期补硼和磷钾，可结合病虫防治选用硼肥加闪溶磷钾进行根外追肥；二是幼果期补充钙镁肥，采用地面追施或根外追肥均可；三是果实迅速膨大期增施高钾复合肥（水溶肥）或硫酸钾肥，对控制果实发育膨大、提高优质果率和增进果实品质有重要作用。而需肥量大的鸡尾葡萄柚和红美人等杂柑类品种，以目前市场追求果大质优为目标，施肥上必须采取 3 项改正措施：一是增加施肥次数，由常规的每年 3~4 次增加到 6~7 次，重点是花期、幼果期和果实发育膨大后期；二是增加钾肥和有机肥的用量，比常规栽培施用量增加 1 倍左右，主要选择高钾水溶肥、矿源黄腐酸钾、有机腐殖酸、饼肥、羊兔粪和商品有机肥等；三是补施硼镁钙肥，钙镁肥可结合有机肥一起基施，硼肥在花期和幼果期结合病虫防治进行喷施，及时满足树体生长发育对营养的需要。

4　地膜覆盖

地膜覆盖是柑橘提质增效的主要技术措施之一，历经台州椒江各地的示范试验与应用，在不同地域、不同年份在不同柑橘品种上的示范应用均有一定的效果。从 2020 年、2021 年度试验结果看，利用特卫强地膜覆盖，果实着色率提高 10% 左右，其中以鸡尾葡萄柚最为明显，其次是宫川、龟井，红美人不太明显；对单果重的影响，不同品种间存在一定差异，红美人覆膜区的果重约增加 10%，鸡尾葡萄柚差异不明显，而宫川、龟井覆膜区的果重反而减少约 5%，符合当前柑橘优质果栽培的需要。地膜覆盖对提高柑橘果实品质、增进风味和口感均有重要作用，提高可溶性固形物含量以宫川和龟井最为明显，覆膜区比对照区分别高 0.4% 和 1.3%，鸡尾葡萄柚的覆膜区与对照区相近，而红美人覆膜区的增糖效果不明显，但风味和口感明显优于对照区，表现为口感好、风味浓。由于受膜价和费工等因素影响，地膜覆盖目前仅限于柑橘示范基地上应用，大面积推广需加强引导宣传。

地膜覆盖通常采用进口的特卫强地膜或国内的银黑或银灰反光膜，一般在柑橘采收前 60d 左右开始树盘或全园覆盖，宜选择大雨天或土壤浇透水后进行，果实采收后要及时揭膜，并补充土壤水分，对有滴灌条件的果园，盖膜期间如遇干旱天气，土壤严重缺水，要及时补水。

5　完熟栽培

完熟栽培是提高柑橘果实品质的一项重要措施，浙江台州已推广应用多年，对柑橘产业的提升发挥重要的作用。完熟栽培分完熟采收和延后栽培两种。

5.1 **完熟采收**。即在柑橘果实充分着色成熟，果实品质达到最佳水平时采收，如台州宫川蜜橘露地栽培一般在 11 月 15—25 日，红美人在 11 月 20—30 日，鸡尾葡萄柚在 12 月 1—10 日，但不同年份因气候条件等差异，在不同区域的不同柑橘品种完熟采收期是不一样的，各地根据当地实际情况酌情确定采收时期，同时要做到选黄留青、选大留小、分期分批采收，确保果实品质。

5.2 **延后栽培**。利用钢架大棚等设施，实行果实留树保鲜，提高柑橘果实品质，延长柑橘采收期和提升产品价值。据台州农业部门 2021 年的调查统计，全市柑橘设施大棚栽培面积为 1 088.3 hm^2，每亩平均产值为 15 045 元，是常规栽培每亩的 4 844 元的 3.1 倍。目前常用的有钢架设施大棚、避雨大棚、遮阳网（防虫网）覆盖等，以钢架设施大棚最好，但造价高、投资大，适合平地或缓坡地种植高品质、高附加值的名优品种，如宫川、满头红、鸡尾葡萄柚及红美人等杂柑类，可延至春节前后采收。而避雨大棚和遮阳网覆盖栽培，主要适合高山区块种植的柑橘，以防雨水和霜冻为主，一般在元旦前采收完毕。一般设施（避雨）大棚盖膜在国庆节前后，而遮阳网（防虫网）覆盖根据气象预报在 11 月冷空气来临之前进行。

根据 2021 年台州调查统计，全市柑橘延后栽培的面积已达到 832 hm^2，约占全市柑橘总面积的 3%，且有不断增加的趋势，对提升品质和增加效益十分显著，尤其宫川蜜橘延至春节前带叶采收销售，果实肉质细嫩，风味甜美，口感优于同期的红美人，很受消费者的青睐，售价提高 1 倍以上；其他柑橘品种也表现不同程度的提质增效。根据台州各地的实施情况，延后栽培必须做好以下三方面的工作：一是加强大棚管理，确保果实安全生长。重点是做好棚内温度、水分的调控，对设施大棚如棚内温度超过 20℃ 以上，就要揭膜通风降温，将最高温度控制在 25℃ 以下，如遭遇冷空气影响，就要做好棚膜的封控或棚内加温等工作。持续干旱天气，棚内干燥，土壤缺水或树冠有萎蔫症状时地面要利用滴灌或滴灌带及时供水。二是加强病虫防治，确保果实着色成熟。在大棚覆膜前应全面做好螨类、蚧类、炭疽病等病虫害的防治，以防果实因病虫为害而影响产量和品质。三是加强果实分选，确保果实商品质量。重点是做好分期分批采收，前期先采树冠外围的粗皮大果、日灼果、病虫果等，中期采收树冠上部和外围的正常果；后期再采树冠中下部和内膛的果，这是延后栽培的精品果，果实含糖量高、着色充分，商品性好，售价高。

6　病虫综防

病虫综防是利用农业、生物、理化调控和科学用药等多种防治手段，把病虫发生为害控制在最低水平，实现柑橘节本高效栽培。目前主要的防治技术措施如下。

6.1　杀虫灯。台州橘产区广泛使用的是太阳能频振式杀虫灯，目前各柑橘规模种植场均在使用，主要防控对象是柑橘吸果夜蛾类、金龟子类等害虫，尤其山地集中连片果园应用价值高，使用效果好，可取代药剂防治，节约生产成本，提高防效。

6.2　黄板（粘蝇板）和诱粘剂。市场上种类较多，防治对象和使用效果也很不一致，主要是防治柑橘小实蝇和果蝇，目前在台州应用较多的是泉州市绿普森生物科技有限公司的粘蝇板和湖南华垦农业科技发展有限公司瓜果实蝇追踪诱粘剂，对控制红美人等柑橘的小实蝇为害有较好的效果。

6.3　高效安全低毒低残留药剂。通过近几年的试验研究和示范实践，针对不同的病虫害种类，选用相对应的防治药剂，对提高防效、减少防治次数、提升柑橘果实品质、实现节本增效具有十分重要的作用，主推药剂介绍如下。

6.3.1　杀螨剂　柑橘上使用的杀虫杀螨剂种类很多，防治效果差异也很大，据2021年椒江区柑橘红蜘蛛防治药剂的筛选试验，乙螨唑与联苯肼酯或丙溴磷等的复混配制剂,对延缓抗性、提高防效、延长持效期均有重要作用,是夏秋防治螨类的主流药剂。当前用于柑橘红蜘蛛等螨类防治的主推药剂有炔螨特、乙螨唑、联苯肼酯、螺螨酯、阿维菌素、虱螨脲、苯丁锡、噻螨酮、哒螨酮等,建议各种药剂交替使用,延缓抗性。

6.3.2　杀虫剂　主要害虫的推荐药剂,柑橘蚜虫为啶虫脒、吡虫啉、噻虫嗪、氟啶虫酰胺等,蚧类为氟啶虫胺腈、噻嗪酮、机油乳剂、吡丙醚、啶虫脒、螺虫乙酯等,卷叶蛾为甲氨基阿维盐、阿维菌素、氟氯氰菊酯等,潜叶蛾为灭蝇胺、阿维菌素、吡虫啉等。

6.3.3　杀蝇剂　主要是柑橘小实蝇和果蝇,以红美人柑橘上发生为害较多,引发严重的落果和烂果,对柑橘生产影响很大,主要的防治药剂有吡丙醚、溴氰吡丙醚、乙基多杀菌素、高效氯氟氰菊酯等。

6.3.4　杀菌剂　主要防治柑橘疮痂病、柑橘炭疽病、柑橘黑点病、柑橘灰霉病、柑橘溃疡病等病害。据 2018 年椒江区开展的柑橘黑点病防治药剂筛选试验,代森锰锌(喷克)仍是目前防治柑橘黑点病的理想药剂。针对不同的病害应选择不同的药剂进行防治,主推药剂有代森锰锌、波尔锰锌、咪鲜胺、苯甲吡唑醚菌酯、噻菌铜等。

6.3.5　保鲜剂　柑橘采后贮藏保鲜,常用的保鲜剂有抑霉唑、咪鲜胺、百可得等,针对不同柑橘品种以及不同地区的柑橘贮藏保鲜要求,可选用单剂或混合复配使用。